AF643038

Osann . Mayer . Wiele

Design Thinking Schnellstart

DESIGN THINKING SCHNELLSTART

KREATIVE WORKSHOPS GESTALTEN

ISABELL OSANN . LENA MAYER . INGA WIELE

3., überarbeitete Auflage

HANSER

Bibliografische Information der Deutschen Nationalbibliothek:
Die Deutsche Nationalbibliothek verzeichnet diese Publikation in der Deutschen Nationalbibliografie; detaillierte bibliografische Daten sind im Internet über <http://dnb.d-nb.de> abrufbar.

Print-ISBN 978-3-446-48087-2
E-Book-ISBN 978-3-446-48137-4

Die Autorinnen:
Dr. Isabell Osann
Lena Mayer
Inga Wiele

www.hanser-fachbuch.de
Lektorat: Lisa Hoffmann-Bäuml, Sophia Zschache

Illustrationen: Inga Wiele, gezeitenraum gbr und Dreamland GmbH & Co. KG
Coverillustration: Inga Wiele, gezeitenraum gbr
Gestaltung: Dreamland GmbH & Co. KG, Aalener Str. 36, 89520 Heidenheim
Satz: Dreamland GmbH & Co. KG
Druck und Bindung: Hubert & Co – eine Marke der Esser bookSolutions GmbH, Göttingen, Printed in Germany

DAS ERWARTET SIE

Dieses Lernlogbuch ist ein Arbeitsbuch und unterstützt Sie bei der Anwendung der Design Thinking Methode für Ihre individuellen Fragestellungen und Projekte. In kurzen, kreativen Arbeitsphasen können Sie z.B. Ideen für neue Produkte, Dienstleistungen oder Geschäftsmodelle generieren oder auch inkrementelle Anpassungen von Lösungen erarbeiten. Mit den Checklisten für die einzelnen Phasen und den Methodenbeschreibungen steigen Sie pragmatisch in die kreative Workshopgestaltung ein.

Für Rückmeldungen und Fragen zu unserem Arbeitsbuch sind wir dankbar und freuen uns auf eine Kontaktaufnahme. Wir wünschen Ihnen kreative und inspirierende Workshops. **Viel Erfolg!**

LERNLOGBUCH
PHASEN-CHECK
HANDWERKSZEUG
DOKUMENTATION
AGENDABEISPIELE

DESIGN THINKING IN SECHS PHASEN

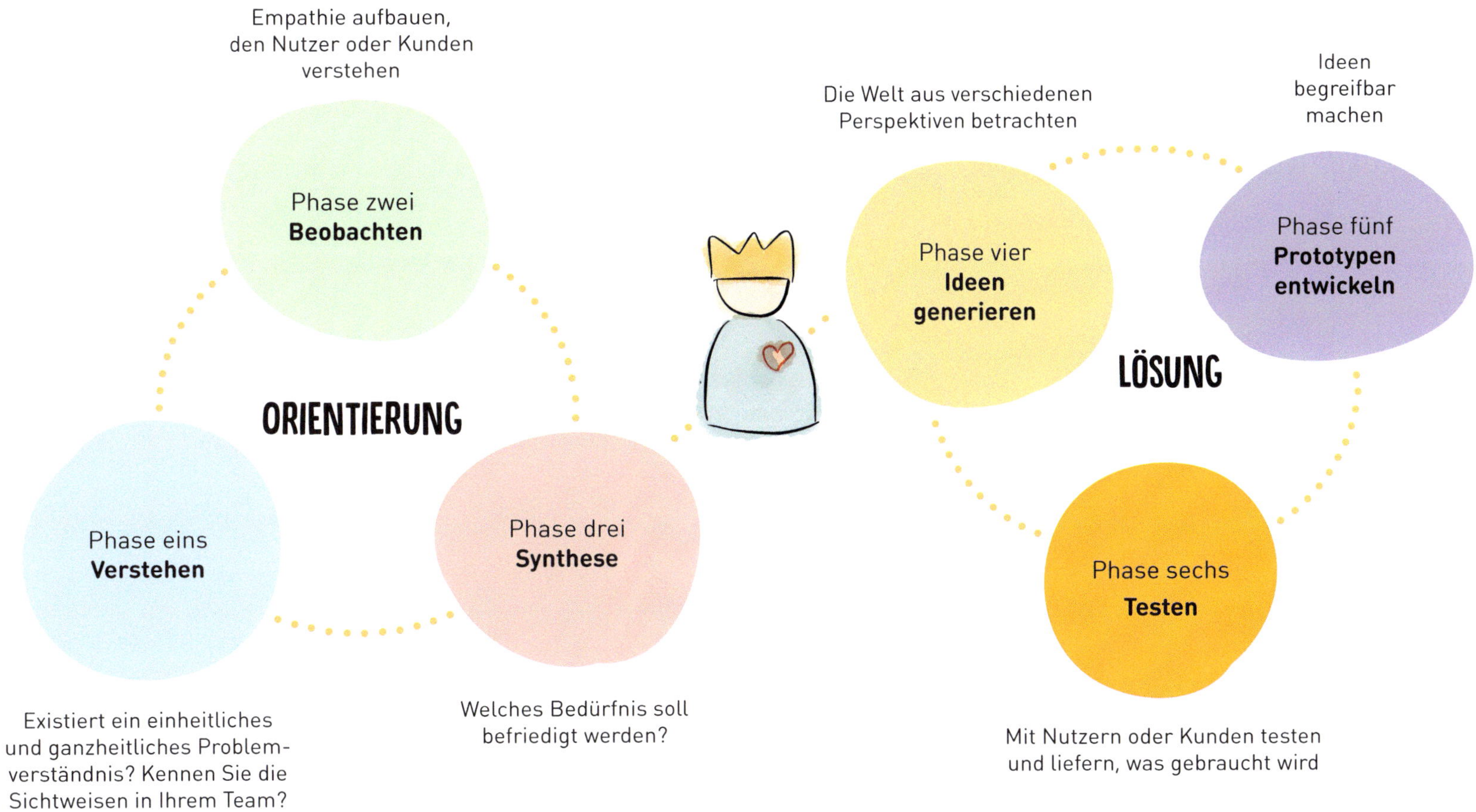

STIMMEN ZUM BUCH

„Dieses Buch führt Sie sicher durch alle Design Thinking Phasen: von der Planung zur Umsetzung bis hin zur Dokumentation. Eine sehr empfehlenswerte Arbeitsgrundlage und Inspiration!"

Gerald Swarat, Leiter Hauptstadtbüro Fraunhofer IESE, Berlin

„Ein Buch, das rockt. ‚No Bullshit', auf den Punkt. Als ich mir das Buch ansehen durfte, hat mir gleich die visuelle Umsetzung gefallen. Man fühlt sich sofort in kreativer Workshop-Stimmung und will loslegen. Unglaublich klar und ohne Ballast."

Thomas Jensen, Managing Director ICS Festival Service GmbH, Wacken

„Didaktisch gut aufbereitet bietet dieses Arbeitsbuch einer breit definierbaren Zielgruppe – von Managern bis Studierenden – nachvollziehbare Anleitungen zur Durchführung von Design Thinking Prozessen. Die pointierten Ausarbeitungen der Autorinnen laden zu einer neuen Denkhaltung und zur Schaffung kreativer Räume ein."

Dr.'in Kirsten Mikkelsen, Dr. Werner Jackstädt-Zentrum für Unternehmertum und Mittelstand, Arbeitsschwerpunkt Women's Entrepreneurship

VORWORT

Design Thinking ist weit mehr als eine Methodik – es ist eine Geisteshaltung und eine Denkweise, die uns dabei unterstützt, kreative Lösungen für komplexe Herausforderungen zu entwickeln und unsere Zukunft gemeinsam zu gestalten.

In hunderten von Projekten an der HPI School of Design Thinking haben wir erlebt, dass Design Thinking nicht nur ein Instrument zur Problemlösung ist, sondern auch dazu beiträgt, Chancen für innovative Zukunftsgestaltung zu erkennen. Es fördert das gemeinschaftliche Erarbeiten, die Co-Kreation, und ermöglicht es uns, disziplinübergreifende systemische und gesellschaftliche Veränderungen zu bewirken. Mit Design Thinking zu arbeiten, bedeutet daher, sich Fertigkeiten anzueignen, die für die Zukunft entscheidend sind – sogenannte Future Skills.

Vielen Organisationen ist es bereits gelungen, mithilfe von Design Thinking ihre Organisationskultur nachhaltig zu transformieren und die Qualität der Zusammenarbeit kontinuierlich zu steigern. Dabei geht es um die Schaffung einer nachhaltigen und lernenden Organisation, um Teamlernen und individuelles lebenslanges Lernen, um schnellere und bessere Entscheidungen sowie um die Einbeziehung von Multi-Stakeholder-Perspektiven.

Dieses Arbeitsbuch bietet Ihnen einen Schnelleinstieg in die Welt des Design Thinking und unterstützt Sie dabei, individuelle Fragestellungen und Projekte auf innovative Art und Weise anzugehen. Ziel ist es, die Einstiegshürde zu senken, damit Sie schnell ins Handeln und Ausprobieren kommen können.

Ich wünsche Ihnen viel Freude beim Entdecken und Ausprobieren des Design-Thinking-Ansatzes und bin zuversichtlich, dass Ihnen dieses Arbeitsbuch helfen wird, Ihre kreativen Potenziale voll auszuschöpfen. Es wird Sie dabei unterstützen, eine offene Organisationskultur zu etablieren und bahnbrechende Ideen zu entwickeln.

Prof. Ulrich Weinberg
Gründungsdirektor der HPI School of Design Thinking, Potsdam

INHALT

I	WIE IST DIESES BUCH ZU LESEN?	12
II	WAS HAT ES EIGENTLICH MIT KREATIVITÄT AUF SICH?	18
III	WAS IST EINE DESIGN CHALLENGE?	26
01	PHASE EINS – VERSTEHEN	32
02	PHASE ZWEI – BEOBACHTEN	40
03	PHASE DREI – SYNTHESE	48
04	PHASE VIER – IDEEN GENERIEREN	64
05	PHASE FÜNF – PROTOTYPEN ENTWICKELN	76
06	PHASE SECHS – TESTEN	86
IV	DOKUMENTATION – ITERATION	100
V	AGENDABEISPIELE	110
VI	TEAM	114
VII	ONLINE WORKSHOPS	126
VIII	DESIGN THINKING IM WANDEL	134
IX	LITERATURVERZEICHNIS	144
X	ZU DEN AUTORINNEN	154

WIE IST DIESES BUCH ZU LESEN?

WIE IST DIESES BUCH ZU LESEN?

Dieses Lernlogbuch unterstützt Sie, Ihre Projekte oder Fragestellungen mit der Design Thinking Methode zu bearbeiten. Für eine schnelle Einschätzung, wie Sie mit diesem Buch arbeiten können, beantwortet die Leseanleitung folgende Fragen:

A. Wozu dient dieses Buch und für wen ist es geeignet?
B. Wie ist dieses Buch aufgebaut?

A. Wozu dient dieses Buch und für wen ist es geeignet?
Dieses Buch dient dazu, Ihnen einen schnellen und einfachen Einstieg in die Arbeit mit der Innovationsmethode „Design Thinking" zu ermöglichen. Das Lernlogbuch bietet einerseits eine Arbeitsgrundlage zum praktischen Erlernen der Methode, z.B. im Rahmen eines Workshops, und unterstützt Sie bei Ihrem persönlichen Transfer des Gelernten in den Arbeitskontext. Andererseits ist dieses Buch auch ein Leitfaden für Personen, die bereits Erfahrung im Umgang mit der Methode gesammelt haben und neue Perspektiven von Design Thinking in der Projektarbeit sowie weitere Methoden kennenlernen möchten.

SCHNELLER EINSTIEG

PRAGMATISCHE VORGEHENSWEISE

Das Lernlogbuch regt an, verschiedene Phasen und Tools selbst auszuprobieren und im Anschluss an jede Phase zu reflektieren. Die einführend beschriebenen Vorgehensweisen und Werkzeuge je Phase bieten Ihnen – gerade zu Beginn des Ausprobierens – Struktur und Orientierung in der Anwendung neuer Arbeitsweisen. Mit dem Buch möchten wir Ihnen einen inspirierenden Rahmen geben, den Sie Schritt für Schritt ausbauen und durch weitere Werkzeuge und Elemente ergänzen können.

Dabei möchten wir immer wieder zum Reflektieren über das Gelernte und Erlebte in den einzelnen Phasen anregen. Auf einigen Seiten finden Sie Platz, um Ihre Gedanken zum Transfer persönlicher Erkenntnisse in Ihr Arbeitsumfeld zu notieren.

Das Lernlogbuch ist aus unseren gemeinsam durchgeführten Design Thinking Workshops 2016–2019 entstanden und verbindet die Expertise aus Industriepraxis und Lehre im Hochschulkontext. Daher bietet das Buch auch für Studierende eine praktische Arbeitsgrundlage zum Erlernen der Methode.

KONKRETE ANLEITUNG

BLICK AUFS WESENTLICHE

Wir beziehen uns in dem Lernlogbuch überwiegend auf praktische Inhalte zum schnellen Ausprobieren und Umsetzen. Daher basieren unsere Tipps zum Weiterlesen auch auf Literatur von Praktikern, die wir als wichtig erachten.

B. Wie ist dieses Buch aufgebaut?
Das Buch ist so aufgebaut, dass Kapitel II zunächst eine kurze Einführung in das Thema Kreativität gibt. In Kapitel III folgt eine Erläuterung zum Thema „Design Challenge" mit zwei Übungen dazu.

Der Hauptteil des Lernlogbuchs (Kapitel 01 bis 06) besteht aus den einzelnen Phasen des Design Thinking Prozesses (in diesem Lernlogbuch verwenden wir den Ansatz mit sechs Phasen nach der Auffassung der HPI School of Design Thinking). Zu Beginn jeder Phase werden zwei Warm-ups vorgestellt, die den Teams dabei helfen, sich auf die Arbeitsweise in der jeweiligen Phase einzustellen. Für einige Phasenschritte, die wir immer wieder als besonders herausfordernd in der Teamarbeit erleben, bieten wir Ihnen zusätzlich weitere Methodenerläuterungen an, sodass die Übergänge zwischen einzelnen Arbeitsschritten fließender und stringenter werden.

Als essenzielle Dynamik bei der Arbeit mit der Design Thinking Methode wird anschließend in Kapitel IV das Konzept der Iteration erklärt und eine Anregung zur Dokumentation der Teamarbeit gegeben. Zusätzliche Informationen zu Warm-ups und zwei Agendabeispiele, wie ein ein- oder zweitägiger Design Thinking Workshop aufgebaut werden kann, bilden den Abschluss des Lernlogbuchs (Kapitel V).

AUFBAU DER SEITEN

Ziel: Wofür findet die Methode/das Werkzeug Anwendung

Vorbereitung: Vorangehende Arbeitsschritte

Ablauf: Detaillierte Beschreibung der einzelnen Schritte

Einzelne Schritte und Vorgehensweise

Reflexion

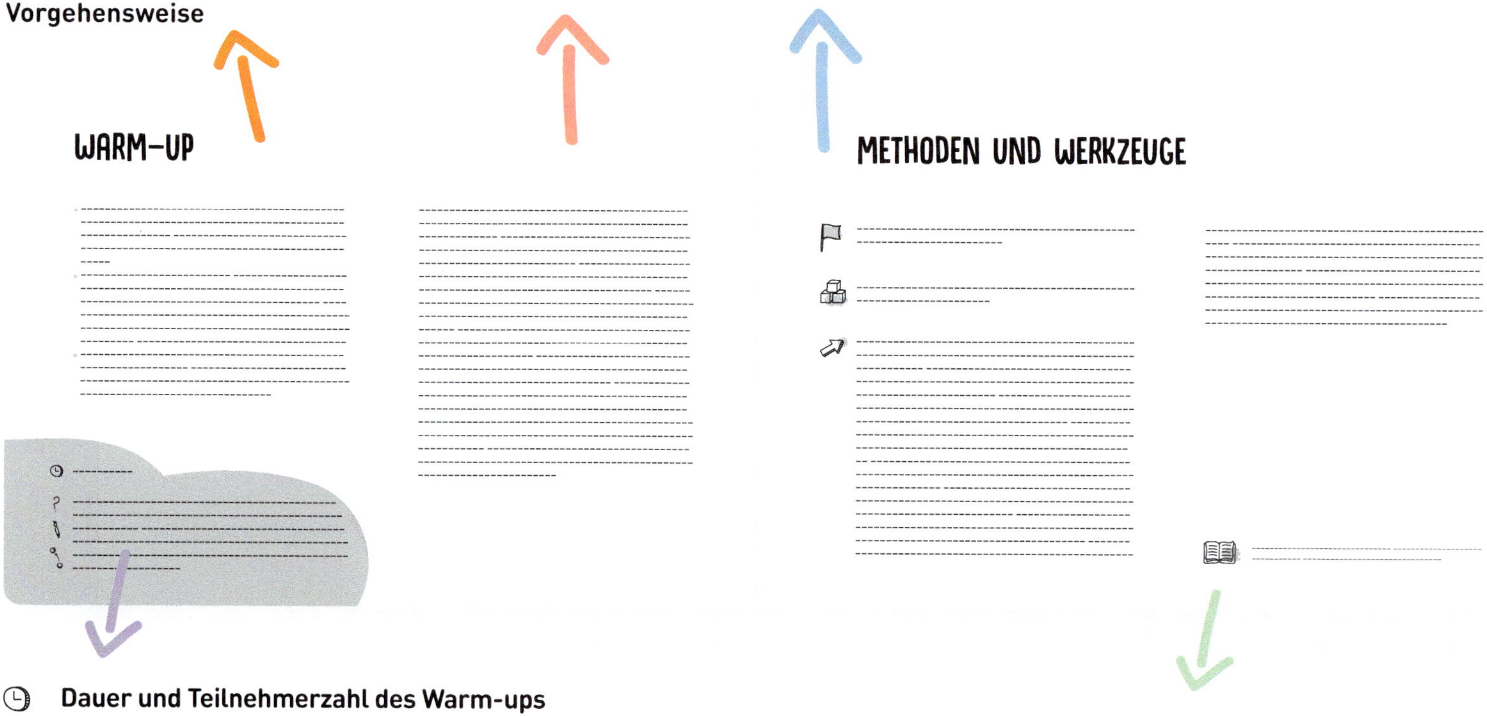

Dauer und Teilnehmerzahl des Warm-ups

Beispielfragen, Mindset

Material

Variationen

Verweis auf weiterführende Literatur und/oder ergänzende Methoden, Quellen

Gedankenbox: In jeder Phase bietet Ihnen diese Box Platz, Ihre Erkenntnisse aus den Teamarbeiten und Coachings festzuhalten. Hier können Sie schreiben, wie Sie Erkenntnisse, Ideen, Prozessschritte, Haltungen, ... aus der jeweiligen Phase mitnehmen und in Ihr Arbeitsumfeld oder in Ihren Alltag übertragen wollen.

Ziel der Phase

Vorgehen in der Phase

Checkliste

Verweis auf weiterführende Literatur und/oder ergänzende Methoden, Quellen

Phasen-Checklisten sind inspiriert von dem unveröffentlichten Workshop Guide Menning, Yasbay (2015): The Idea Gym – training the design thinking muscle

„Alles Fertige,
Vollkommene
wird angestaunt,
alles Werdende
unterschätzt.“

Friedrich Nietzsche

WAS HAT ES EIGENTLICH MIT KREATIVITÄT AUF SICH?

II

WAS HAT ES EIGENTLICH MIT KREATIVITÄT AUF SICH?

Unter Kreativität verstehen wir eine Haltung, die darauf abzielt, Neues zu entdecken und zu erschaffen, experimentierfreudig zu sein und sich in unbekanntes Terrain zu wagen. Eine kreative Denkhaltung betrachten wir als eine Schlüsselressource für die Entwicklung von Innovationen. Also etwas Neues, was relevant ist, weil es Nutzen generiert. Für die Einschätzung, ob ein Gedanke neu ist oder nicht, bedarf es wiederum der Interaktion zwischen individuellem Denken und der Gemeinschaft in einem soziokulturellen Kontext (vgl. Csikszentmihalyi, 2015, S. 41). Besonders die Zugänge zu Themen und Menschen, die fremd sind, bergen schöpferisches Potenzial für ungewöhnliche Verknüpfungen und wechselnde Perspektiven. Um den Umgang mit Unsicherheit und Mehrdeutigkeit in unbekanntem Terrain gut meistern zu können, sind Struktur und das Vertrauen in die eigenen Fähigkeiten, die Welt gestalten zu können, hilfreich. Diese kreative Zuversicht, Veränderungen herbeiführen zu können, lässt sich trainieren wie ein Muskel (vgl. Kelley/Kelley, 2013, S. 2,9). Hierbei geht es immer wieder darum, die eigenen Sichtweisen und Fähigkeiten in einen größeren Zusammenhang zu bringen und sich mit anderen Menschen zu verbinden.

Ob Ihre entwickelte Idee oder Lösung wertvoll ist, entscheidet am Ende der Nutzer oder Kunde. Diese Menschen sind letztendlich die Sonne in einem Innovationsprozess, um die sich alles dreht. Innovationen entstehen oft an den Schnittstellen zwischen verschiedenen Disziplinen, wo Menschen mit heterogenen Blickwinkeln und Geisteshaltungen zusammenarbeiten.

Die Entwicklung von Innovationen ist planbar. Und die besten Ideengeber sind Kunden. Unter Anwendung der Design Thinking Methode stellen Sie Ihre (potenziellen) Kunden in den Mittelpunkt und entdecken deren Bedürfnisse. In kurzen, kreativen Arbeitsphasen entstehen Ideen für neue Produkte, Dienstleistungen und Geschäftsmodelle, ebenso wie inkrementelle Anpassungen von Lösungen. Dabei bietet das agile Vorgehen mehr als einen Werkzeugkasten und anfassbare Ergebnisse: nämlich Prinzipien, Philosophie und (Frei-)Raum für Kreativität. Hierfür ist sowohl die Flexibilität des physischen Arbeitsraumes als auch die Teamkultur, getragen von gegenseitigem Respekt und Vertrauen, dem Mut zum Scheitern sowie offenem und konstruktivem Feedback, wesentlich.

Csikszentmihalyi, M. (2015): Flow und Kreativität. 2. Auflage. Stuttgart: Klett-Cotta. • **Kelley, T./Kelley, D. (2013):** Creative Confidence. New York: Crown Business.

RAHMENBEDINGUNGEN FÜR KREATIVES DENKEN 1/4

Der britische Komiker John Cleese erläutert in seinem Vortrag verschiedene Rahmenbedingungen, die kreatives Denken begünstigen.

RAUM (PHYSISCH UND IM KOPF)

ZEIT (BEGRENZT)

ZEIT (UNBEGRENZT)

KREATIVE ZUVERSICHT

HUMOR

RAUM (PHYSISCH UND IM KOPF)

Methodisch lassen sich die unterschiedlichen Denkweisen in Konzentration (oder geschlossener Modus) und Loslassen (oder offener Modus) einteilen. Es empfiehlt sich, begrenzte Zeit konzentriert über ein Problem nachzudenken und anschließend scheinbar „unbegrenzt" (im Reifungsprozess) auf die Illumination zu warten.

Inspirierende Möglichkeitsräume schaffen ein gutes Umfeld für kreatives Denken.

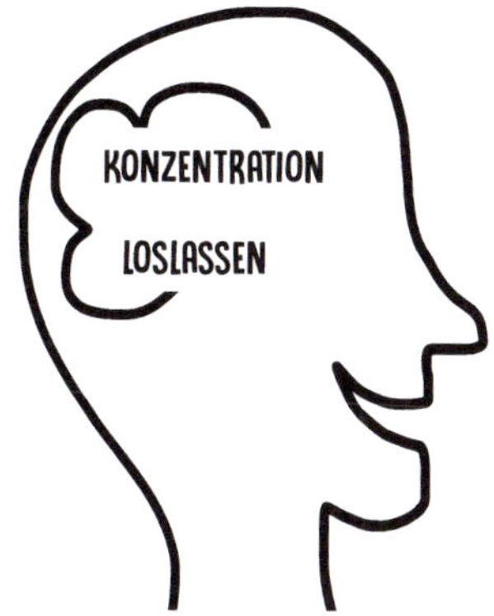

Quelle: https://www.wissenschaft.de/umwelt-natur/die-wissenschaft-vom-musenkuss/ • **Cleese, J. on Creativity:** https://www.youtube.com/watch?v=Pb5oIIPO62g

RAHMENBEDINGUNGEN FÜR KREATIVES DENKEN 2/4

1 Vorbereitungsphase (Sensibilisierung)
Durch gezielte, konzentrierte Arbeit werden im Kopf Informationen gesammelt, Probleme definiert, Interessen abgeglichen oder ein grobes Ziel erklärt. Diese Phase findet typischerweise zeitlich begrenzt und durch konzentriertes Arbeiten statt (fokussierter, geschlossener Zustand).

ZEIT (BEGRENZT)

2 Inkubationsphase
Das ist die eigentliche Geburt der neuen Idee. Es wird irgendwann unbewusst eine mögliche Antwort auf die entdeckten Probleme gefunden. Man spricht hier auch von unterbewussten Reifungsprozessen und vom divergenten Denken in alle Richtungen, das durch Alphawellen im Gehirn gekennzeichnet ist. Das geschieht unbewusst. Es arbeitet in einem. Diesem „offenen" Zustand ordnet Cleese das Gefühl zu, „unbegrenzt" Zeit zur Verfügung zu haben.

ZEIT (UNBEGRENZT)

3 Illumination
Das AHA-Erlebnis ist der Moment, in dem es „Klick" im Kopf macht. Also der Augenblick, in dem sich neuartige Lösungsansätze für die Aufgabenstellung ergeben.

4 Verifikation
Die Gedanken werden in ersten Umsetzungen erprobt und die Lösung wird durch Feedback und Iteration weiterentwickelt oder fallen gelassen.

ZEIT (BEGRENZT)

Interessanterweise wird die für die Kreativität so kritische unbegrenzte Zeit, in der das Gehirn vor sich hinbrütet, angesichts mangelnder Effizienz wenig geschätzt. Vor allem in Workshops wünschen sich die meisten Teams doch lieber schnelle Erfolge und Kreativität auf Knopfdruck. Die gute Nachricht ist, dass die Ideen in Workshops aufgrund von Perspektivwechseln, diversen Teams und besserem Kundenverständnis normalerweise schon ein guter Anfang sind. Trotzdem ist es die Regel, dass wirklich gute Ideen erst Reifezeit benötigen. Unser Rat: Bleiben Sie kontinuierlich dran und organisieren Sie lieber öfters mal kürzere Design Thinking Einheiten, die von ein paar Tagen Pause unterbrochen werden. Die Zeit wird ihren Beitrag leisten.

Quelle: http://ze.tt/was-kreative-menschen-gemeinsam-haben/
• Csikszentmihalyi, M. (2015): Flow und Kreativität. 2. Auflage. Stuttgart: Klett-Cotta. • Csikszentmihalyi, M. (2013): Creativity The Psychology of Discovery and Invention. Harper Perennial Modern Classics

RAHMENBEDINGUNGEN FÜR KREATIVES DENKEN 3/4

KREATIVE ZUVERSICHT

David Kelley, Mitbegründer der Design Thinking Methode und Gründer der Design Firma IDEO, betont immer wieder die Bedeutung der „kreativen Zuversicht", die durch die regelmäßige Anwendung von Methoden des Design Thinking erlangt werden kann.

Kreative Zuversicht ist das Vertrauen in die eigenen Fähigkeiten, die Welt gestalten zu können. Um gute Resultate zu erzielen, müssen ganze Teams diese Zuversicht teilen. Wir vergleichen das gerne mit einem Drahtseilakt, bei dem sich jeder Einzelne aus einem Team immer wieder zutraut, oben auf dem Seil zu stehen und vorwärts zu gehen. Dabei muss derjenige davon ausgehen dürfen, dass er von den anderen Teammitgliedern unterstützt und auch aufgefangen wird. Die Belohnung für die Bereitschaft, sich ausserhald der sicheren Umgebung zu bewegen und Verantwortung zu übernehmen, sind Aufmerksamkeit und Wertschätzung. Diese wirken sich wiederum stärkend auf die kreative Zuversicht aus. So schließt sich der Kreis.

RAHMENBEDINGUNGEN FÜR KREATIVES DENKEN 4/4

Darüber hinaus können wir alle im Alltag immer wieder gezielt überprüfen, wie es um unsere eigene Haltung gegenüber ambidexteren Situationen bestellt ist und unsere kreative Zuversicht trainieren:

- Räumen Sie sich jeden Tag ein paar Minuten ungebundener Aufmerksamkeit ein (z.B. aus dem Fenster schauen während Sie in öffentlichen Verkehrsmitteln reisen, die Umgebung betrachten während Sie auf etwas warten ...) Die Freizügigkeit der Gedanken – geistiges Mäandern (vgl. Csikszentmihalyi, M., 2015, S. 147) – unterstützt Sie, sich mit etwas Neuem auseinanderzusetzen.
- Gönnen Sie sich Pausen während der Arbeit. In der Defokussierung entsteht Raum für neue neuronale Verknüpfungen.
- Hinterfragen Sie. Wie passt das Thema in die Welt? Warum passt es nicht? Was ist die Essenz? Denn es besteht nichts isoliert.
- Nutzen Sie alternative und weniger vertraute Wege im Alltag. Es gibt viel zu beobachten.
- Fördern Sie Ihre weniger entwickelten Talente.
- Seien Sie experimentierfreudig und gewinnen Sie bei kleinen, kreativen Aufgaben Sicherheit.
- Haben Sie den Mut zu scheitern.
- Bevorzugen Sie einen schnellen und unperfekten Start gegenüber einem eleganten Zögern.

HUMOR

- Humor ist ein zentraler Bestandteil von Spontanität
- Humor erleichtert Ihnen den Einstieg in eine offene und kreative Arbeitshaltung
- Scheitern Sie humorvoll und iterieren Sie

In unseren Workshops erleben wir des Öfteren, dass sich Menschen schwer tun, vom Denken ins Tun zu kommen und einfach zu „MACHEN". Gelingt dies, sind die meisten überrascht, wie sich ein „Flowgefühl" einstellt, das kreative Ideen scheinbar aus dem Nichts auftauchen lässt.

Quelle: https://www.designkit.org/mindsets/3.html; Rozovsky, J. (2015): The five keys to a successful Google team: michigan.gov

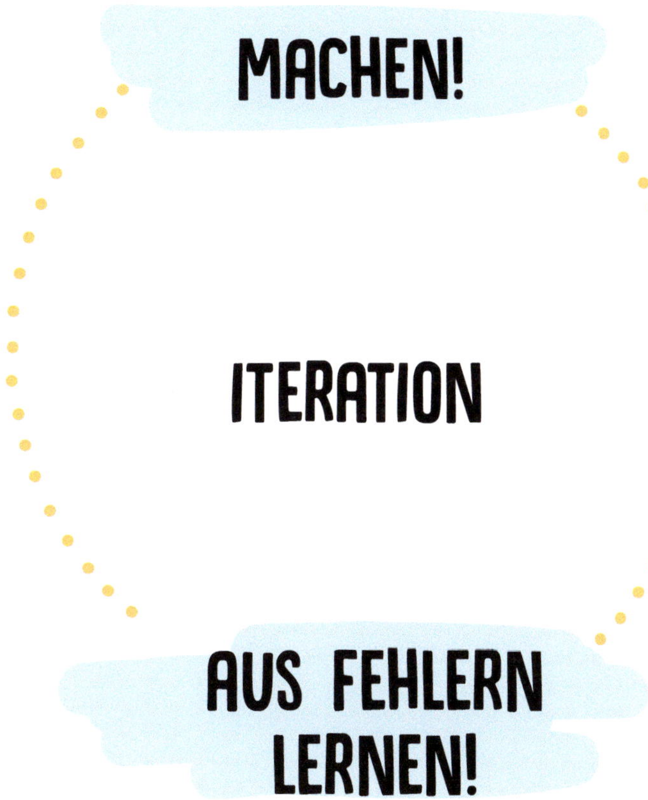
MACHEN!
ITERATION
AUS FEHLERN LERNEN!

WAS IST EINE DESIGN CHALLENGE?

III

ERARBEITEN DER DESIGN CHALLENGE

Zu Beginn der Team-/Projektarbeit definiert das Team eine Fragestellung bzw. ein Ausgangsthema, was im Design Thinking „Design Challenge“ genannt wird. Beim mehrfachen Durchlaufen der einzelnen Phasen wird diese immer wieder angepasst und verfeinert.

Wichtig ist hierbei, dass die Design Challenge ...

- so definiert ist, dass Menschen dazu interviewt bzw. beobachtet werden können. Bei einer guten Design Challenge geht es darum, das Erlebnis für jemanden – also nicht für einen selbst! – zu gestalten
- noch keine Lösungen oder Einschränkungen enthält (z.B. NICHT „... Kosten senken“)

Bei der Konkretisierung hilft die folgende Formulierung
„Denke/Gestalte ... [Thema] Erlebnis neu.“ bzw. „Denke/Gestalte ... [Thema] Erlebnis für [Nutzer] neu.“

Design Challenge Beispiele

- Gestalten Sie die Entsorgung von Verpackungsmüll in Zeiten von Amazon und Co. neu
- Gestalten Sie das Kundenerlebnis im öffentlichen Nahverkehr neu

Sammeln Sie gemeinsam alle Informationen für Ihre Design Challenge, z.B. via Mindmap oder anderer Struktur auf einem Whiteboard.

Warum? → Problem
Wer? → (potenzielle) Nutzer
Was? → Ziele
Womit? → Verfügbare Ressourcen
Wer sonst? → Konkurrenz, Alternativen

CHECKLISTE für die Präzisierung der Design Challenge

- ○ Welche Aktivitäten Ihres Nutzers/Kunden sollen ermöglicht oder unterstützt werden?
- ○ Was möchten Sie über die Nutzerin/die Kundin lernen?
- ○ Welche Problemlösungen gibt es bereits? Was wird vermisst?
- ○ Wie sieht die gesamte Kundenerlebniskette aus?
- ○ Wer sollte involviert werden? Wer sind die Stakeholder?

INITIALE FRAGE DEFINIEREN UND „QUESTION THE QUESTION"

Ein gemeinsames Verständnis der Aufgabe innerhalb der Gruppe sicherstellen. Benötigte Zeit ca. 20 Minuten.

Formulierung der initialen Frage / einer initialen Design Challenge.

1 Stilles Aufschreiben (drei Minuten): Jeder Teilnehmer schreibt stichwortartig die Aspekte und Fragen auf Post-its, die ihm zur Fragestellung einfallen.
Ein Thema pro Post-it!

2 Alle Teilnehmer versammeln sich vor der Wand. Nacheinander lesen alle ihre Punkte laut vor und kleben sie unstrukturiert an die Wand (eine Kommentierung der anderen Teilnehmer findet noch nicht statt).

3 Anschließend sind alle Teilnehmer aufgefordert, die Post-its schweigend gemeinsam thematisch zu ordnen. Dabei kann dasselbe Post-it mehrfach bewegt werden.

4 Jetzt darf gesprochen werden. Die Teilnehmer benennen die entstandenen Cluster im Team. Nach der Benennung wird besprochen, ob alle mit der Zuordnung einverstanden sind. Eventuell wird nochmals umsortiert.

5 Die offenen Themen (Aspekte der Fragestellung) werden nach Wichtigkeit oder sinnvoller Abfolge sortiert.

6 Die Person, die das Projekt oder die Fragestellung initiiert hat, beantwortet offene Fragen.

7 Es wird besprochen, welche Themen automatisch im Prozess enthalten sind (z.B. wer ist der Kunde, Stakeholder, ...).

8 Ggf. wird die Frage als „Teamfrage" neu formuliert (siehe nächste Seite).

WEITER ZUR TEAMFRAGE UND QUESTION THE QUESTION

Eine gemeinsame Teamfrage formulieren, die auf der initialen Frage aufbaut. Benötigte Zeit ca. 15 Minuten.

Initiale Frage formulieren, „Question the question".

1 Stilles Aufschreiben (drei Minuten): Jeder Teilnehmer schreibt eine neue Frage auf ein Post-it. Die neue Frage beschreibt ihr/sein persönliches Verständnis der Fragestellung.

2 Alle Teilnehmer versammeln sich vor der Wand. Nacheinander lesen alle ihre Fragen laut vor und kleben sie an die Wand.

3 Anschließend erörtern die Teilnehmer, ob ggf. eine Frage bereits das gemeinsame Verständnis umfassend darstellt.

4 Falls es keinen klaren Favoriten gibt, werden die Schlüsselworte der Fragen unterstrichen.

5 Jedes Schlüsselwort wird auf ein neues Post-it geschrieben.

6 Die Teilnehmer bringen die Schlüsselworte schweigend in eine Reihenfolge, sodass ein sinnvoller Satz entsteht.

7 Der Satz wird für alle sichtbar auf ein Blatt geschrieben und abgestimmt, ob alle Teammitglieder damit einverstanden sind.

1 Schreiben

2 Sammeln

3 Stilles Clustern

4 Priorisieren

„There is only one boss:
the customer.
And he can fire everybody in the company, from the chairman on down, simply by spending his money somewhere else.“

Sam Walton

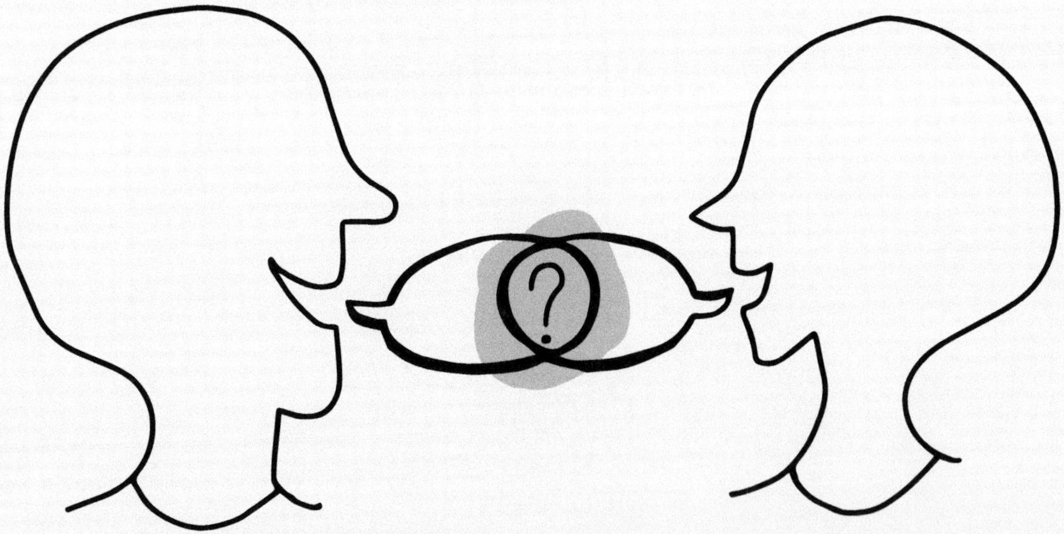

PHASE EINS

VER
STEH
EN

01

SEMANTISCHE KARTE

Alle Teilnehmer stehen bunt im Raum verteilt.

- Der Moderator stellt eine Frage und bittet alle Teilnehmer, sich im Raum entsprechend ihrer Antworten zusammenzufinden. Z.B. „Was ist das letzte was Sie machen, bevor Sie abends ins Bett gehen?", oder „Welchen digitalen Kommunikationskanal nutzen Sie besonders gerne?"
- Frei nach Wahl können mehrere verschiedene Fragerunden stattfinden. Dabei können Sie vom Allgemeinen zum Spezifischen vorgehen und zu Beginn Fragen stellen, die alle auf die Teamarbeit einstimmen. Wenn es z.B. in der späteren Teamarbeit um die Erarbeitung einer Marketingstrategie geht, lautet eine mögliche Abschlussfrage dieses Warm-ups „Von welcher Marke war die letzte Marketingkampagne, die Ihnen als sehr positiv in Erinnerung geblieben ist?"

Reflexion
Das Warm-up dient dazu, Einstellungen, Interessen und Bedürfnisse aller Beteiligten abzubilden. Dabei lernt man in kurzer Zeit viel über seine Gruppenmitglieder. Es hilft zu sehen, wer wie zu welcher Frage steht. Das ist auch der erste Schritt in der Phase „Verstehen", in der Meinungen, Wissen, Assoziationen, Erlebnisse zu der Design Challenge geteilt werden. Ziel ist herauszufinden, was im Team bereits an Wissen vorhanden ist, und welche Fragen zum Thema existieren.

1–2 min

Beispielfragen:
Welches Getränk nehmen Sie morgens als erstes zu sich? • Welche Sportart haben Sie in Ihrer Jugend verfolgt? • Zu welcher Uhrzeit stehen Sie an Arbeitstagen auf? • Von welcher Marke ist Ihr aktuelles Smartphone? • Welche App nutzen Sie am häufigsten?

WARM-UP

1 TRUTH & 1 LIE

Dieses Warm-up ist eine Alternative zu einer klassischen Vorstellungsrunde und geht wie folgt: Die Teilnehmer stehen im Kreis oder sitzen verteilt im Raum, sodass sie sich anschauen können.

- Alle stellen sich nacheinander mit jeweils zwei Fakten aus ihrem Leben kurz vor. Dabei ist eine Tatsache wahr, die andere erfunden (beispielsweise ein Wunschtraum). Es hilft, wenn der Workshop-Moderator die Runde eröffnet, z.B. A) Ich lebe mit meiner Familie in einem Einfamilienhaus an der Nordsee und wir teilen unser Zuhause mit 18 Haustieren.
B) 2004 war ich Vizemeister im Eisstockschießen.
- Nach jeder Person lässt der Moderator die Teilnehmer per Handzeichen abstimmen: „Wer glaubt, dass Fakt A erfunden ist? Aha. Und wer glaubt, dass Fakt B eine Lüge ist?"
- Der Erzähler löst das Rätsel mit einem kurzen Kommentar zur Geschichte auf.

je Teilnehmer:
ca. 1–2 min

Variationen:
Bei viel Zeit: 2 truths & 1 lie.
Bei wenig Zeit & großen Gruppen: Fünfer und sechser Teams bilden lassen (am besten entsprechend der späteren Arbeitsgruppen).

Reflexion
Das Warm-up dient dazu, Interessen und Geschichten aller Beteiligten abzubilden. Dabei erfährt man auf eine spielerische Art und Weise Neues, manchmal auch Überraschendes über die Gruppenmitglieder. Das Warm-up lockert die Atmosphäre im Raum auf, vor allem bei Teilnehmern, die sich zuvor noch nicht kannten; aber auch bei langjährigen Kollegen können neue Vorlieben entdeckt werden, von denen man bisher nichts wusste.

PHASE

VERSTEHEN

In der Phase „Verstehen" geht es darum, sich im Team zu allen möglichen Aspekten der Design Challenge auszutauschen. Hierbei ist es wichtig, auch den Kontext der Problemstellung zu verstehen. Teilen Sie alle Aspekte und Fragen im Team, die Ihnen zu der Fragestellung einfallen.

Sie haben ca. 30 Minuten Zeit, die Challenge zu durchdringen und zu erarbeiten, „Was wissen Sie als Team bereits?" und „Was wissen Sie noch nicht?". Sammeln Sie gemeinsam alle Informationen in einer Mindmap auf einem Whiteboard (alternative Methoden: Charette, Semantische Analyse).

1 Teilen Sie Ihre Erfahrungen
- Annahmen
- Meinungen
- Ideen
- Geschichten
- Assoziationen

2 Challenge durchleuchten
- Welche Bausteine stecken in der Challenge?
- Wer könnte alles betroffen sein? (Stakeholder)

3 Gesammeltes ordnen, Informationen gruppieren, Cluster benennen

4 Interessensfelder definieren & Feldaufenthalt vorbereiten
- Alle Kategorien nochmal durchgehen
- Fragen für die Feldforschung formulieren
- Rollenverteilung festlegen (Interviewer, Notizenmacher)

TRANSFERGEDANKEN ...

Smith, K. (2008): How to Be an Explorer of the World: Portable Life Museum. New York: Penguin Books.

METHODE

VERSTEHEN MIT DER CHARETTE METHODE

Identifizieren erster relevanter Informationen im Team über Nutzer oder Kunden. Diese Methode eignet sich gut, wenn Sie mit mehreren, unterschiedlichen Nutzer-(gruppen) arbeiten oder Ihre potenziellen Nutzergruppen noch nicht kennen. Für Ihr erstes Brainstorming schlagen wir Ihnen folgende Struktur vor:

Mögliche Struktur eines Whiteboards:

1 Potenzielle Nutzer(gruppen),

2 Annahmen über deren Bedürfnisse oder Aufgaben,

3 Welche Themen oder Ideen stecken dahinter.
Während Sie sich im Team über die Annahmen über Ihre Kunden- bzw. Nutzergruppen austauschen, werden Sie Themenbereiche entdecken, über die Sie mehr herausfinden möchten. Diese Erkenntnisse fließen dann in die Vorbereitung der nachfolgenden Phase „Beobachten" ein.

Charette – zu Deutsch: der Karren – bezeichnet eine Methode des gemeinsamen, offenen und öffentlichen Planens. Die zugrundeliegende Metapher ist das gemeinsame Ziehen des symbolischen Karrens. Die Methode steht für verschiedene Formen der öffentlichen Beteiligung, vgl. Deutsches Architektenblatt: https://www.dabonline.de/2008/02/01/ein-karren-fur-alle/

WOZU?

- Nutzergruppen identifizieren für spätere Feldforschung, beziehungsweise analoge Situationen und Anwedungsfelder
- Bedürfnisse und Themen antizipieren für mögliche Interview- und Beobachtungsfragen

WER SIND POTENZIELLE NUTZER?

WELCHE BEDÜRFNISSE HABEN SIE?

WELCHE IDEEN STECKEN DAHINTER?

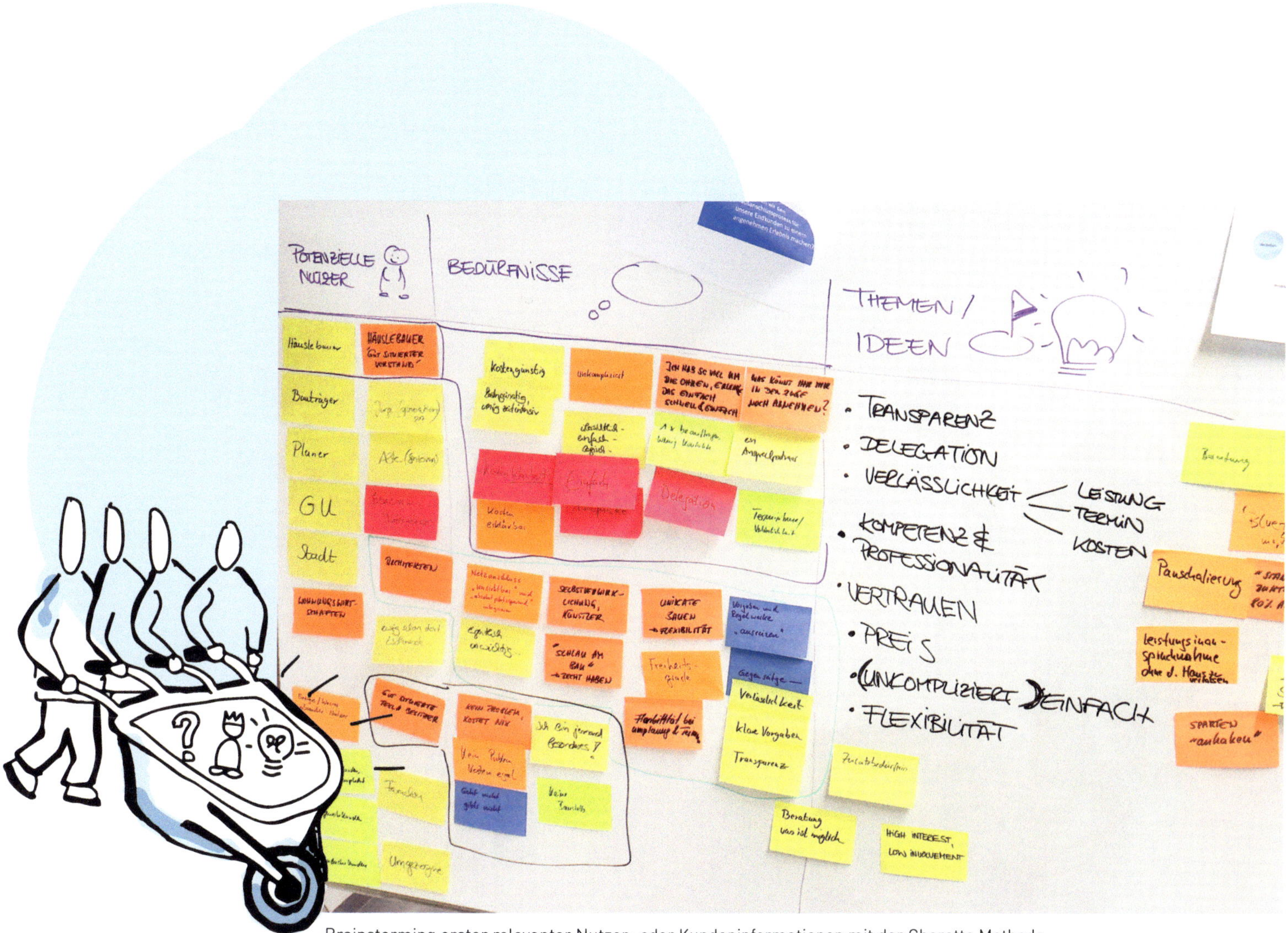

Brainstorming erster relevanter Nutzer- oder Kundeninformationen mit der Charette Methode

„Embrace what you don't know, especially in the beginning, because what you don't know can become your greatest asset.
It ensures that you will absolutely be doing things different from everybody else."

Sara Blakely

PHASE ZWEI

BEO
BACH
TEN

02

WARM-UP

ROLLENTAUSCH

Alle Teilnehmer finden sich in Paaren zusammen.

Runde 1
Partner A interviewt Partner B zu einer bestimmten Frage. Nach drei Minuten wird gewechselt und Partner B interviewt Partner A zu derselben Frage (auch drei Minuten). Die Paare werden zu Beginn darauf hingewiesen, dass es wichtig ist, seinem Gegenüber genau zuzuhören, da sie/er in der nächsten Runde aus der Sicht des Partners berichten wird. Mögliche Interviewthemen sind z.B. „Wie haben Sie Ihr letztes Wochenende verbracht?" oder „Welcher Freizeitbeschäftigung gehen Sie gerne nach?"

Runde 2
Jeder Teilnehmer sucht sich einen neuen Partner im Raum. Das Interviewthema bleibt dasselbe und auch die Dauer der Interviews (2 x 3 min). Doch nun schlüpft man als Interviewter in die Rolle des vorherigen Partners und antwortet aus dessen Sicht. Das heißt, wenn Partner C Partner A interviewt, antwortet diese/r aus Sicht von Partner B. Wichtig ist, dass man die Rolle des vorigen Interviewpartners vollständig annimmt und nicht auf „also Partner B würde darauf vermutlich das sagen ..." Aussagen ausweicht.

Reflexion
Das Warm-up dient dazu, Empathie aufzubauen und sich in sein Gegenüber in der kurzen Zeit gut einzufühlen. Genaues Zuhören wird dabei geschult und bereitet auf Befragungen und Beobachtungen in der Feldforschung vor. In der Feldforschung wird es darum gehen, sich in Lebenswelten, Sichtweisen und Bedürfnisse (potenzieller) Nutzer hineinzudenken und hineinzuversetzen.

2 x 3 min je Frage

Beispielfragen für das Interview:
Wie gestalten Sie einen für Sie perfekten Tag? • Wie gehen Sie mit neuen Technologien um? • Was macht ein gutes Mobilitätskonzept einer Stadt aus?

WARM-UP

BLINDES PORTRAIT

Die Aufgabe ist, dass sich je zwei Personen miteinander unterhalten und sich gleichzeitig gegenseitig portraitieren, ohne dabei auf das Blatt zu sehen. Dafür haben die Paare zwei Minuten Zeit.

Als Gesprächsthema eignen sich einfache Tagesthemen, wie z.B.:

- Wie heißen Sie und was ist Ihre Aufgabe im Unternehmen/Projekt? Falls sich die Teilnehmer untereinander noch nicht so gut kennen
- Wie sind Sie heute morgen hierher gekommen?
- Was haben Sie gefrühstückt?

(Der Moderator schlägt ein Gesprächsthema vor)

Wichtig ist, den Teilnehmern vorher zu erklären, dass es bei der Übung nicht darum geht, möglichst erkennbar zu zeichnen, sondern, dass die Ergebnisse wirklich am besten werden, wenn nicht zwischendurch auf das Blatt geschaut wird. Man kann am Ergebnis sehr schnell erkennen, wer blind gezeichnet hat und wer nicht. Es geht nicht darum, lebensecht zu zeichnen.

Anschließend schreibt jeder „Künstler" den Namen seines Modells auf das Blatt und stellt den anderen Teilnehmern die Person anhand der Zeichnung kurz vor. Wenn die Teilnehmer einverstanden sind, werden die Bilder mit Kreppklebeband für alle gut sichtbar an einer Wand befestigt.

Reflexion

Die Übung wirkt sehr energetisierend. Es wird dabei in der Regel viel gelacht und es entsteht ein Gemeinschaftsgefühl. Die Fähigkeit zum „Loslassen" wird trainiert und die Teilnehmer sind überrascht, wie künstlerisch gerade die Bilder wirken, die ohne Blick auf's Blatt gezeichnet wurden. Das Gehirn arbeitet bei dieser Übung auf Hochtouren, da es ständig zwischen linker (Sprache und Information) und rechter Gehirnhälfte (Bilder, künstlerische Tätigkeiten) hin- und herwechseln muss.

ca. 5 min

Material:
pro Teilnehmer ein DIN A4-Blatt und ein Filzstift

PHASE

BEOBACHTEN

In der Phase „Beobachten" geht es darum, Neues und möglichst viele Informationen über die Problemstellung sowie die potenziellen Nutzer in Erfahrung zu bringen. Sie wollen Bedürfnisse, Handlungen und Gedanken, Motivationen und Verhaltensweisen zur Challenge einfangen und besser verstehen. Dafür ist es wichtig, eigene Annahmen und Vorwissen zurückzustellen und sich ganz darauf zu fokussieren, genau hinzuhören und zu beobachten.

Sie haben ca. 15 Minuten Zeit Interviewfragen vorzubereiten, um damit ins Feld zu gehen und zwei bis drei potenzielle Nutzer in ca. 45 Minuten zu befragen.

- ○ Einführung: Sich selbst vorstellen sowie den Grund des Interviews
- ○ Vertrauen aufbauen, erklären, dass es kein richtig oder falsch gibt
- ○ Bezug schaffen: Ein Beispiel finden, an welches sich die Person gut erinnert
- ○ Offene Fragen stellen
- ○ Maximal 20 % reden, mindestens 80 % zuhören
- ○ **Viele WARUM-Fragen stellen, um „tiefer zu graben"**
- ○ Stille zulassen
- ○ Beispiele & Sequenzen abfragen, Ausnahmen erkunden
- ○ Klarheit gewinnen: „Was genau meinen Sie mit …?"
- ○ Zitate dokumentieren
- ○ Nach Stimmungen und Gefühlen fragen
- ○ Reflexion: Die wichtigsten Punkte zusammenfassen, tiefer bohren
- ○ Interview-Abschluss: Dankbarkeit zeigen, Raum für Fragen geben

TRANSFERGEDANKEN ...

Nichols, R. G. & Stevens, L.A. (1957). Are you listening? New York, McGraw-Hill. • **Robertson, A.**(1994). Listen for Success, Burr Ridge, Irwin Professional Publishing. • **Barker, L. & Watson, K.** (2000). Listen Up: How to Improve Relationships, Reduce Stress, and Be More Productive by Using the Power of Listening, NY: St. Martin's Press • **Taheri, von Schmieden & Mayer, Onlinekurs:** https://open.hpi.de/courses/insights-2017

METHODE

QUALITATIVE INTERVIEWS FÜHREN

Interview Tipps

- Teamrollen: ein Interviewer, ein Notizenmacher
- Nach dem Grund fragen → Warum?
- Geschichten Raum geben
- Offene Fragen stellen
- Eindimensionale und klare Fragen formulieren
- In Gesprächspausen abwarten
- Wertung vermeiden
- Körpersprache beachten
- 20 : 80 (Interviewer : Nutzerin)

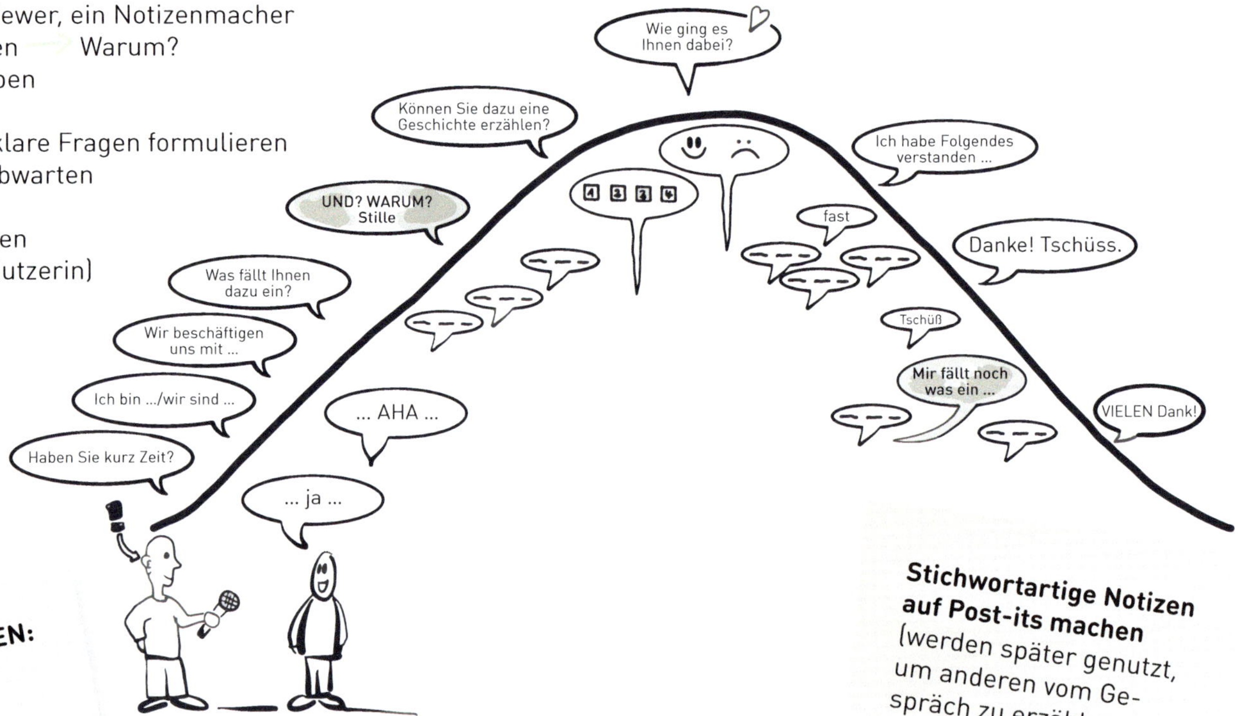

DIE BESTEN FRAGEN:

UND?
WARUM?
STILLE

Stichwortartige Notizen auf Post-its machen
(werden später genutzt, um anderen vom Gespräch zu erzählen und zu Clustern)

METHODE

VON DER BEOBACHTUNG ZUM STANDPUNKT

Raus aus dem eigenen Alltag und rein in die Welt des Nutzers! Nach jedem Gespräch und nach jeder Beobachtung ist die Reflexion darüber, was Sie gesehen und gehört haben – sowie auch über Ihr eigenes Verhalten – essenziell. Denken Sie auch darüber nach, was Sie in Folgeinterviews oder Beobachtungen verbessern können. Zur Strukturierung Ihrer Beobachtung können Sie verschiedene Werkzeuge nutzen: z.B. Empathie-Karten.

CHECKLISTE für die Strukturierung

- ○ Wer sind die Nutzer?
- ○ Was tun die Nutzer?
- ○ Wer beeinflusst die Nutzer oder steht mit ihnen in Kontakt?
- ○ Wie unterscheiden sich die Nutzer?
- ○ Wie ist die Situation?
- ○ Welche Bedürfnisse gibt es?

Lewrick, M. et al. (2017): Das Design Thinking Playbook. München: Vahlen • **„AEIOU-Framework"** (Lewrick, M. et al. (2017), S. 21), Jobs-to-be-done Framework (siehe S. 55).

Nehmen Sie sich nach jedem Interview ein paar Minuten Zeit für die Reflexion. Folgende Fragen könnten Ihnen dabei helfen.

CHECKLISTE für die Reflexion

- ○ Gab es einen AHA-Moment, Widersprüche, etwas das Sie überrascht?
- ○ Gibt es ein Bedürfnis, welches sich lohnt, gelöst zu werden?
- ○ Ist Ihre Fragetechnik gut angekommen?
- ○ Ist Ihre Dokumentation hilfreich?
- ○ Gibt es Dinge, die Sie bei der nächsten Beobachtung nicht mehr oder anders machen wollen?
- ○ Gibt es etwas, das Sie bei zukünftigen Beobachtungen in den Fokus nehmen wollen?

„If I have seen further than others, it is by standing upon the shoulders of giants."

Isaac Newton

PHASE DREI

SYN THESE

03

WARM-UP

HOW TO MAKE TOAST?

Alle Teilnehmer bekommen ein Blatt Papier & einen Stift.

Die Aufgabe besteht darin, dass jeder Teilnehmer für sich und still visualisieren soll, wie er/sie Toast zubereitet (drei Minuten). Anschließend werden die Zeichnungen gemeinsam angeschaut und besprochen: Wo liegt der jeweilige Fokus der Zeichnung? Auf dem Zubereitungsprozess (startet jemand beim Backen des Brotes)? Oder auf dem Einkaufsprozess? Oder auf den Küchengeräten?

Reflexion
Das Warm-up soll in die konvergente Denkhaltung der Phase „Synthese" einleiten. Hierbei ist wichtig, dass den Teilnehmern bewusst wird, dass Sie nun von einer offenen, divergenten Vorgehensweise zu einer auf (potenzielle) Nutzer fokussierte Sichtweise wechseln. Welche Perspektive nehmen diese ein? Betrachtet man den einfachen Vorgang Toast zuzubereiten, so wird bei diesem Warm-up deutlich, wie unterschiedlich die Teilnehmer ihren Fokus setzen (Startpunkt des Zubereitungsprozesses, Geschmacksrichtungen, Küchengeräte wie Pfanne, Toaster, Backofen, Organisation des Einkaufs ...) Neben technischen Präferenzen werden persönliche Bedürfnisse erkenntlich – gemütliches Ambiente schaffen, für Familienmitglieder sorgen, in Ruhe essen ...

8–10 min

Material:
A4-Blätter und Stifte • Die „Draw Toast" Übung stammt von Dave Gray, einer der Verfasser von Gamestorming, http://gamestorming.com/draw-toast/

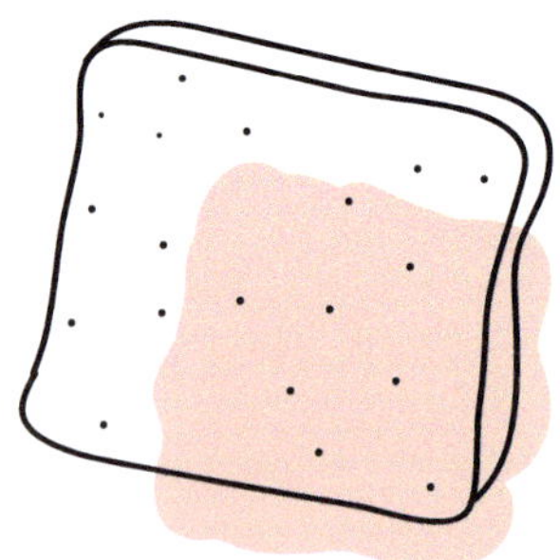

WARM-UP

RÜCKENGESCHICHTEN

Alle Teilnehmer finden sich in Paaren zusammen. Für die Aufgabe setzen sich die Paare Rücken an Rücken im Raum verteilt. In den nächsten zehn Minuten sollen die Paare sich von ihren persönlich aufregendsten Erlebnissen in den letzten sechs Monaten erzählen, z.B. wie folgt:

1 In fünf Minuten erzählt Person A Person B von ihrem/seinem aufregendsten Erlebnis in den letzten sechs Monaten. Person B hört zu.

2 Person B hat nun zwei Minuten Zeit zu beschreiben, wie er/sie Partner A wahrgenommen hat. Interpretationen sind hier erlaubt und gewollt. Z.B. „Mir fiel auf, dass du besonders erleichtert warst, als alles vorbei war." Oder „Du sagtest, du bist dann abends nicht mehr rausgegangen. Ich vermute, das lag daran, dass es dir zu gefährlich war."

3 Die Partner tauschen nun und Partner B erzählt Partner A in fünf Minuten von ihrem/seinem aufregendsten Erlebnis.

4 Partner A skizziert Partner B in zwei Minuten.

Reflexion
Das Warm-up soll Teilnehmer dazu ermutigen, genau zuzuhören und danach Schlussfolgerungen aus dem Gehörten zu ziehen. Was ist Ihnen besonders aufgefallen, wo haben Sie etwas gespürt, was Ihr Partner vielleicht noch gar nicht bemerkt hat? Die Rücken-an-Rücken-Situation schärft nochmal unsere auditorischen und vor allem taktilen Sinne. Es werden dadurch feine Details wahrgenommen, die beim Betrachten des Partners evtl. durch mimische Signale nicht aufgefallen wären.
Der Interpretationsschritt dient dazu, das schnelle Bild, das wir uns von einer Person in so kurzer Zeit machen, zu verbalisieren. Der Schritt „Was-steckt-hinter-dem-Gehörten" ist essenziell für die Synthese-Phase im Design Thinking.

ca. 15 min

Beispielfragen:
Aufregendstes Erlebnis? • Letzte wichtige Anschaffung? Schönster Urlaub? • Verrücktestes Hobby? • Anstrengendstes handwerkliches Erlebnis?

PHASE

SYNTHESE

In der Phase „Synthese" geht es darum, in einer präzisen Formulierung die wirklich wichtigen und bislang unentdeckten Bedürfnisse von Nutzern festzuhalten. Die Challenge wird dadurch neu und präziser mit Fokus auf die Nutzerin formuliert. Daraus können im nächsten Schritt nutzerzentrierte Lösungen entwickelt werden.

Sie haben ca. 20 Minuten Zeit, die interessantesten und inspirierendsten Interviewmomente zu teilen, zu strukturieren und zu interpretieren. Dabei ist es wichtig, einen Überblick über die vielen Informationen, die in der Beobachtungsphase entstanden sind, zu erhalten. Entscheiden Sie sich für einen Nutzer und dessen Bedürfnis mit dem Sie weiterarbeiten möchten (ca. zehn Minuten). Arbeiten Sie die Persona aus (ca. 15 Minuten) und halten Sie das Bedürfnis in einer Standpunkt-Definition fest (ca. zehn Minuten).

1 Teilen Sie Ihre Interview-Erkenntnisse

- Beurteilen, welche Interviewerkenntnisse interessant sind
- Informationen zusammenbringen und interpretieren Spannungen, Widersprüche, Gefühle, Stimmungen Auffallende Gestik, Mimik
- Klarheit über Annahmen und Hypothesen schaffen

2 Strukturieren und Themen benennen

- Ordnen Sie alle Erkenntnisse, gruppieren Sie diese (neu)
- Benennen Sie Themenbereiche der neuen Gruppierungen
- Heben Sie die wichtigsten Erkenntnisse hervor

3 Standpunkt-Definition

- Wählen Sie ein Bedürfnis und Nutzer aus, mit dem Sie weiterarbeiten
- Beschreiben Sie die Nutzerin (Persona)
- Welches Bedürfnis hat dieser Nutzer?

TRANSFERGEDANKEN ...

Kolko, J. (2011): Exposing the Magic of Design: A Practitioner's Guide to the Methods and Theory of Synthesis.

SYNTHESE SCHRITT FÜR SCHRITT

„SYNTHESIS IS AN ABDUCTIVE SENSEMAKING PROCESS. THROUGH EFFORTS OF DATA MANIPULATION, ORGANIZATION, PRUNING, AND FILTERING, DESIGNERS PRODUCE INFORMATION AND KNOWLEDGE."

JON KOLKO

Kolko, J. (2010) Abductive thinking and sensemaking: The drivers of design synthesis. Design Issues, 26(1), S. 17.

In der Synthese-Phase passiert ein sogenanntes **„Reframing"** der Challenge-Formulierung, mit der die Teams am Anfang gestartet sind. Die Phasen „Verstehen" und „Beobachten" helfen dabei, das Thema näher zu durchleuchten und herauszufinden, welche Bedürfnisse und Probleme potenzielle Nutzer der zukünftigen Idee in Bezug auf das Thema haben. Dabei ist wichtig, divergent zu denken und viele Optionen und Sichtweisen in Betracht zu ziehen.

Die Synthese-Phase leitet eine konvergente Denkphase ein, an deren Ende die neue Challenge-Formulierung aus der Sicht einer Nutzerin steht.Der nutzerzentrierte Prozess dient an dieser Stelle der Neu-Definition der Challenge basierend auf dem, was potenzielle Nutzer während des Feldaufenthalts berichtet haben.

A. STORYTELLING

Die Synthese-Phase beginnt klassischerweise mit einem Storytelling. Dabei erzählen sich die Teammitglieder gegenseitig, was sie jeweils in den Feld-Interviews erfahren haben bzw. beobachten konnten. Das Storytelling kann durch verschiedene Methoden und Tools bereits strukturiert ablaufen. Beispiele hierfür sind a) eine Tabelle mit den Überschriften **Interviewte/r – Zitate/Beobachtungen – Erkenntnisse – übergeordnete Themen**, oder b) die **Empathiekarte** (siehe S. 55).

B. WAS STECKT DAHINTER?

Nach dem Storytelling geht es darum, das Gesagte oder Beobachtete zu interpretieren. Dabei stellt sich das Team die Frage „Was könnte dahinter stecken"? Bei diesem Analyseschritt fügt das Team der Aussage oder Beobachtung eine weitere Ebene hinzu und versucht dahinterliegende Motive und Bedürfnisse der befragten oder beobachteten Personen zu erkennen.

Es hilft hierbei auch Aussagen zu clustern und übergeordnete Themen zu sammeln, die sich beispielsweise in verschiedenen Interviews wiederfinden lassen. Der Schritt vom Gesagten zur Erkenntnis ist nicht einfach, da das Team einen Schritt nach vorne wagt und der Nutzeraussage eine Interpretationsebene hinzufügt. Es kann durchaus sein, dass erst später im Rahmen des Testens von Prototypen bemerkt wird, dass das Bedürfnis nicht richtig erkannt wurde und insofern ist dann dort mit der Iteration wieder anzusetzen. Deswegen ist es auch wichtig, an dieser Stelle darauf zu achten, Nutzeraussagen nicht zu kombinieren oder abzuwandeln, da man sich auf diesem Weg immer weiter von der Grundaussage entfernt.

C. STANDPUNKT-DEFINITION

Wenn das Team alle spannenden, widersprüchlichen, interessanten Aussagen interpretiert hat, geht es im nächsten Schritt darum, eine Entscheidung zu treffen, mit welcher Nutzer-Erkenntnis weitergearbeitet wird. Dabei können verschiedene Entscheidungsfindungs-Tools wie Nuggeting (jedes Teammitglied klebt ein Post-it auf die Aussage, die er/sie am interessantesten findet und schreibt darauf, wieso diese Aussage besonders spannend ist) oder Two-Axis (interessante Aussagen entlang einer vertikalen und horizontalen Achse anordnen, Achsen können beliebig beschriftet werden, z.B. Extremnutzer vs. viele Nutzer, physisches Bedürfnis vs. emotionales Bedürfnis) verwendet werden. Das Team kann hierbei durchaus mehrere Voting- und Entscheidungsphasen durchlaufen.

Nachdem eine Nutzer-Aussage-Erkenntnis ausgewählt ist, wird diese in einer Standpunkt-Definition (P.O.V. = point of view) festgehalten: Nutzer + Aussage + Bedürfnis. Alternativ kann auch nur Nutzerin + Bedürfnis hier festgehalten werden. Die Anfangsphrasen „Wir haben getroffen ..." (Nutzer), „Wir waren überrascht zu erfahren/beobachten ..." (Aussage/Beobachtung), „Wir wollen ihm/ihr dabei helfen (sich so zu fühlen wie) ..." (Bedürfnis) helfen hierbei.

Die Standpunkt-Definition dient als Ausgangspunkt für eine präzisere, neu definierte Design Challenge basierend auf und aus der Sicht der Nutzerin.

HOW MIGHT WE ... TEMPLATE FÜR DIE STANDPUNKT-DEFINITION

WIE KÖNNEN WIR .... HELFEN,

....

.... BESSER

ZU ERLEDIGEN UND DADURCH ....

....

.... ZU ERREICHEN?

Beispiel
„Wie können wir Thomas als Vielreisendem (44 Jahre, Vater von zwei Kindern, lebt in einem kleinen Dorf mit 5.000 Einwohnern und geht in seiner Freizeit gern in die Natur, joggt viel und fährt Rennrad, pendelt für die Arbeit viel in fremde Städte) dabei helfen, sich in Städten besser zu orientieren und dadurch entspannt an seinen Zielen anzukommen?"

D. PERSON-AHA

Neben der Standpunkt-Definition hilft es Teams auch, die Person, die den „AHA"-Moment gebracht hat und auf welcher der Standpunkt basiert, besser zu umreißen. Hierbei können Bildercollagen, Skizzen, Fotos vom Interview, Kontextbeschreibungen nützlich sein. Zum einen hilft dies Teams, sich besser in den Nutzer und dessen Lebenswelt hineinzuversetzen und nicht wieder in eigene Annahmen und Problemansichten zu verfallen; zum anderen erinnert es das Team in den nächsten Phasen immer wieder an den/die Nutzer/in für den/die sie Ideen kreieren.

An dieser Stelle verwenden wir gerne zwei Vorlagen, die wir den Workshop-Teilnehmern zum Ausfüllen aushändigen, damit es ihnen leichter fällt, sich auf eine gemeinsame Persona zu einigen oder diese zu beschreiben. Viele Teams tun sich am Anfang schwer damit, sich hier festzulegen, weil sie Angst haben, dass sie sich dadurch etwas für später verbauen. Versuchen Sie an dieser Stelle, nicht zu sehr zu „verkopfen" – lassen Sie sich lieber auf Kompromisse ein, anstatt sich enttäuscht zurückzuziehen. Auch die Persona darf später laufend weiterentwickelt werden, je besser Sie Ihre Kunden verstehen.

a) Persona Template

Dieses Template dient vor allem für eine Einigung innerhalb der Gruppe, welche Person sie sich gemeinsam vorstellen. Es ist wichtig nachzuvollziehen, an welchem Punkt die Person im Leben steht, was sie gerne macht, welche Lebenspläne sie hat und was ihre Stärken und Schwächen sind. Es ist auch hilfreich, der Person ein Gesicht zu geben. Passen Sie die Fragen unserer Vorlage gerne entsprechend Ihrem Kontext an.

Sie können Ihre Persona im weiteren Verlauf des Projektes immer wieder anpassen oder auch komplett neu porträtieren.

Wurde auf diese Weise ein Konsens im Team erzielt, welche Person für die Ideenentwicklung in den Mittelpunkt gestellt werden soll, gehen Sie zur zweiten Vorlage über.

b) Empathiekarte

Die Empathiekarte unterstützt das Team dabei, sich eine einheitliche Vorstellung der Persona aufzubauen und sich tiefer in ihre Denkweise einzufühlen.

Wir empfehlen, dass Sie dabei folgenderweise vorgehen:

1 Sagt und tut

Notieren Sie gemeinsam, was offensichtlich ist, also was sie hören oder sehen können. Versetzen Sie sich dabei nochmal in die Interviewsituation zurück. Was haben Sie Ihre Interviewpartner gefragt und wie haben diese geantwortet? Manchmal ist sich die Gruppe uneinig, ob die Persona etwas sagt oder denkt. Versuchen Sie, sich soweit wie möglich zu einigen, aber nehmen Sie die Einordnung auch nicht zu ernst. Die Diskussion dient vor allem einer ersten Einigung in der Gruppe.

2 Denkt und fühlt

Haben Sie die offensichtlichen Punkte gesammelt, dann wenden Sie sich der Ableitung zu – was denkt die Persona? Was sagt sie Ihnen oder anderen nicht? Wo hat sie Bedenken oder Fragen, die sie für sich behält? Häufig haben diese Dinge mit der aktuellen Lebenssituation oder noch nicht verwirklichten Plänen (nächstes großes Lebensereignis) zu tun. Zum Abschluss wenden Sie sich dem Bereich „fühlt" zu. Das ist der wichtigste Bereich, weil im Fühlen die Bedürfnisse entstehen. Versuchen Sie hier vor allem ausgewogen zwischen positiven und negativen Gefühlen zu bleiben. Manchen Teams hilft es, sich an dieser Stelle die Frage zu stellen, was die Person grundsätzlich antreibt oder wie es ihr in der konkreten Situation, für die Sie eine Lösung sucht, emotional geht.

Gumienny, R., Lindberg, T., & Meinel, C. (2011). Exploring the synthesis of information in design processes–opening the black-box.

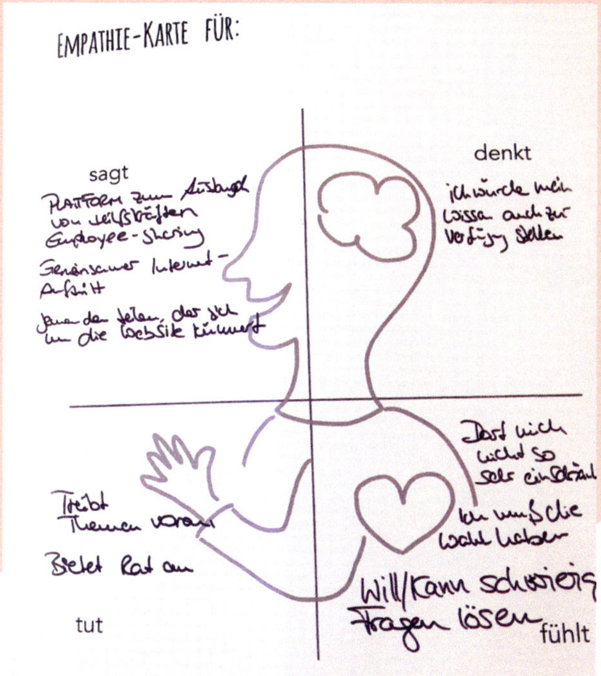

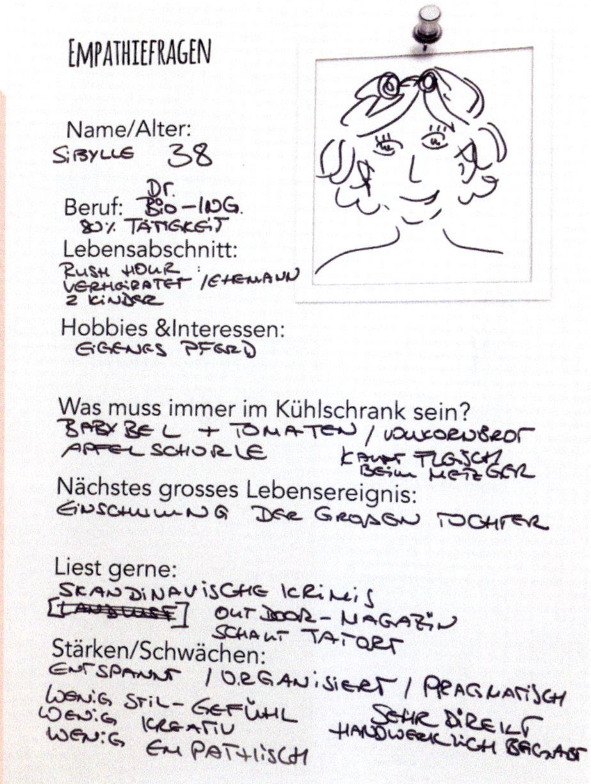

Beispiele für die Erarbeitung einer Person-AHA

SYNTHESE WEITERE METHODEN

Für das Erfassen von Nutzeraussagen und Beobachtungen können auch – je nach Challenge weitere Tools verwendet werden.

„CUSTOMERS DON'T JUST BUY PRODUCTS, THEY HIRE THEM TO DO A JOB."

CLAYTON CHRISTENSEN

Jobs-to-be-done (kurz: JTBD)
Um Nutzeraussagen und Beobachtungen in ihrem spezifischen Kontext festzuhalten, eignet sich besonders die Jobs-to-be-done-Vorgehensweise. Sie können das Tool auch von der Nutzerin selbst ausfüllen lassen bzw. sie/ihn laut mitdenken lassen.

Grundstein für die JTBD-Methode legte bereits Ted Levitt mit seiner bekannten Aussage: „Kunden wollen keinen Bohrer, sondern ein Loch in der Wand." (Ted Levitt, 1960). Es geht demnach nicht um ein bestimmtes Produkt oder eine genaue Produktklasse, sondern um die Verwendung und den Zweck, den Nutzer erfüllt haben möchten.

Basierend auf Levitts Feststellung, führte Harvard-Business-School-Professor Clayton Christensen die Formulierung „Job" ein. Als Job bezeichnet er demnach die Aufgabe, die ein Produkt oder eine Dienstleistung für Nutzer erfüllt. Dieser Job bestimmt, weshalb der Nutzer das Produkt bzw. die Dienstleistung verwendet bzw. kauft. Das Besondere der JTBD-Methode ist, dass ein Perspektivwechsel weg vom Produkt, hin zu seinem Nutzen, stattfindet. Es öffnet den Lösungsraum und plötzlich kommen auch Ideen jenseits der bestehenden Produktkategorie in Frage.

Gut nachvollziehbar ist die Verwendung des Tools auch am bekannten Beispiel einer großen amerikanischen Fast-Food-Kette (siehe Literaturhinweise). Deren Anliegen bestand darin, den Verkauf ihrer Milchshakes zu steigern. Ein Team aus Designforschern führte viele Beobachtungen und qualitative Interviews durch. Mit der Erkenntnis, wofür das Produkt überhaupt steht, also welchen Zweck das Produkt für die Kundin erfüllt, konnte die Firma nun überlegen, wie sie das Produkt verändern bzw. erweitern wollen.

JOB-TO-BE-DONE	HILFSMITTEL/LÖSUNG IM ZEITABLAUF				
1 Große Entfernungen zurücklegen	Schiff	Kutsche	Zug Auto	Flugzeug Zug Auto	Flugzeug Zug Auto
2 Über Distanz kommunizieren	Boote	Postkutsche Briefe Brieftaube	Telegraf Telefon	E-Mail Mobiltelefon	Social Media (Voice-)Chat
3 Musik hören	Sänger	Kammer- orchester	Vinylplatte	CD MP3	Streaming
Jahr	2000 BC	1500	1950	2000	2020

JTBD-Beispiele zur Unterscheidung von „Jobs" und finalen Produkten bzw. Lösungen

Entnommen aus **Šáchová-Kleisli, A., & Walther, B.** (2015). Job-to-be-done-Logik in der Praxis. Marketing Review St. Gallen, 32(1), S. 3.

JOBS-TO-BE-DONE TEMPLATE

NUTZER ....

(kurze Beschreibung der Person, Tätigkeit, Erfahrung, wichtige Charakteristika)

		BEISPIEL INTERCOM:
SITUATION (kurze Beschreibung der Situation, in der das Problem bzw. Bedürfnis auftritt)	**WENN SIE/ER**	When an important new customer signs up,
MOTIVATION (was ist das Bedürfnis bzw. die Motivation des Nutzers in dieser Situation)	**DANN MÖCHTE SIE/ER**	I want to be notified
GEWÜNSCHTES ERGEBNIS (wähle eine Formulierung und beschreibe, was soll dadurch erreicht werden? Was ist das erhoffte Ziel?)	**DANN MÖCHTE SIE/ER** .... **UM ZU** .... **UM** .... **ZU ERREICHEN**	so I can start a conversation with them.

Im JTBD-Tool beschreiben Sie genau das Problem bzw. Bedürfnis, das Sie entdeckt haben. Wer ist der/die Nutzer/in? In genau welcher Situation tritt das Bedürfnis auf? Wie lässt sich das Bedürfnis bzw. die Motivation der Nutzerin/des Nutzers genau beschreiben? Was möchte sie/er damit erreichen?

Falls noch keine Nutzerbeschreibung vorliegt, kann diese zum Template hinzugefügt werden.

Weitere Literatur zu den Methoden:
Detaillierte Ausführung zu JTBD auf deutsch: https://digitaleneuordnung.de/blog/jobs-to-be-done/ • **Clayton Christensen erklärt JTBD anhand des Milchshake Beispiels (auf Englisch):** https://www.youtube.com/watch?time_continue=77&v=sfGtw2C-95Ms • **Jan Schmiedgen erklärt JTBD anhand von Beispielen und der Relevanz für Unternehmen (auf Deutsch):** https://vimeo.com/148199853.

„You can't use up creativity.
The more you use,
the more you have."

Maya Angelou

PHASE VIER

IDE EN GENE RIEREN

04

WARM-UP

5 WAYS TO USE

Die Teilnehmer bilden dreier oder vierer Teams.

- Jedes Team bekommt einen Gegenstand, z.B. eine Tasse, eine EC-Karte, eine Büroklammer, oder ein Kabel (hier kann alles mögliche gewählt werden). Dazu erhält jedes Teammitglied ein Blatt Papier und einen Stift.
- In fünf Minuten überlegt sich jeder Teilnehmer für sich möglichst viele alternative Verwendungsweisen für den Team-Gegenstand (mindestens fünf!) und zeichnet diese auf das Papier (Alternative: kurz beschreiben).
- Dabei sollen neue Verwendungsweisen für diesen Gegenstand entwickelt werden. Jedes Teammitglied hat nun zwei Minuten Zeit, seine Ideen mit den anderen im Team zu teilen.

11–13 min

Material:
A4-Blätter und Stifte, Beliebige Gegenstände, wie z.B. Tasse, EC-Karte, Büroklammer, Kabel, Stein, Kreide ...

Reflexion
Das Warm-up dient dazu, sich zu öffnen und ungewöhnliche und wilde Ideen zuzulassen. „Out of the box Denken" soll dabei stimuliert werden. Es sollen viele Ideen in kurzer Zeit entstehen, ohne diese zu überdenken oder direkt zu bewerten.

WARM-UP

I'M A TREE

Alle Teilnehmer stehen im Kreis.

- Der Moderator tritt in die Mitte des Kreises und beginnt eine Geschichte zu erzählen. Z.B.: „Ich bin ein Baum und meine Äste bewegen sich im Wind". Dieses Bild wird parallel zur Erzählung auch schauspielerisch dargestellt (Mimik, Gestik, Bewegung [der Moderator wedelt mit den Armen und bewegt seinen Oberkörper von rechts nach links]).
- Eine zweite Person tritt zum Moderator in den Kreis und erzählt und spielt basierend auf dem Geschichtsanfang des Moderators die Situation weiter. Zum Beispiel: „Ich bin ein roter Apfel, der an diesem Ast hängt."
- Eine dritte Person kommt hinzu und erzählt und spielt die Geschichte weiter; der Moderator verlässt den Kreis.
- So geht es immer weiter ... Eine neue Person tritt in den Kreis und spielt die Geschichte weiter und die Person, die am längsten schon im Kreis steht, tritt wieder raus.

Reflexion
Das Warm-up dient dazu, spielerisch einen guten Teamgeist aufzubauen. Es unterstützt die Gruppe dabei, in einen kreativen Flow zu finden. Das Weitererzählen der Geschichte von Person zu Person, verbildlicht an dieser Stelle das Mindset „auf den Ideen anderer aufbauen" und leitet somit nahtlos in die Phase „Ideen generieren" ein.

5–10 min

Mindset:
Auf Gesagtem aufbauen und Geschichten anderer Personen weiterentwickeln.

PHASE

IDEENFINDUNG

In der Phase „Ideen generieren" geht es darum, möglichst viele Ideen – basierend auf der Standpunkt-Definition – zu entwickeln. Verschiedene Brainstorming-Techniken helfen dabei, unterschiedliche Dimensionen des Bedürfnisses zu durchleuchten.

Sie haben ca. 45 Minuten Zeit, um eine „Wie können wir ..." Brainstorming-Frage basierend auf der Standpunkt-Definition zu formulieren und verschiedene Brainstorming-Techniken auszuprobieren. Am Ende sollte das Team ein bis zwei Ideen auswählen, mit denen Sie weiterarbeiten werden.

1 Brainstorming

- ○ „Wie können wir ..."-Frage formulieren
- ○ Stilles Brainstorming – versuchen Sie mindestens 20 Ideen in fünf Minuten zu entwickeln
- ○ Objektbrainstorming (siehe S. 70)
- ○ Ideen-Zug (siehe S. 71)
- ○ Heiße Kartoffel (siehe S. 70)
- ○ Ideensuche als interner Wettbewerb (z.B. jedes Team präsentiert in der Halbzeit die zwei besten und zwei schwächsten Lösungen)

2 Ideenauswahl

- ○ Schauen Sie alle Ideen nochmal an, gibt es Ideencluster?

Cluster-Beispiele

- Passt zur Frage – spannend – außerhalb des Bezugsrahmens
- Heute – morgen – Zukunftsvision
- Welche Idee würde die Nutzerin lieben?
- Welche Idee ist am radikalsten?
- Welche Idee ist am einfachsten umsetzbar?
- Wählen Sie ein bis zwei Ideen im Team für die nächste Phase

TRANSFERGEDANKEN ...

Curedale, R. (2013): 50 Brainstorming Methods: For team and individual ideation • **Von Schmieden, Taheri & Mayer, Onlinekurs:** https://open.hpi.de/courses/ideas2018

METHODE

GO WITH THE FLOW ERSTE IDEEN SAMMELN UND CLUSTERN

- How-might-we-Frage oder Job-to-be-done formulieren.
- Brainstormingregeln besprechen.
- HOW-NOW-WOW-Matrix auf Papier oder Whiteboard zeichnen.

1 Zeit planen (z.B. 45 Minuten Zeit für Ideenfindung werden auf drei verschiedene Brainstorming-Methoden verteilt).

2 Stilles Brainstorming – jeder sammelt für sich erste Ideen und notiert sie auf Post-its. Die Ideen sollen sich an der How-might-we-Frage oder Job-to-be-done-Formulierung und der Teamfrage orientieren.

3 Jeder liest seine Ideen laut vor und sortiert sie in die Matrix ein. Wichtig dabei ist, die Ideen nicht sofort zu bewerten. Keine Diskussion!

4 Jetzt darf diskutiert werden. Wie würde Ihre Persona die Ideen bewerten? Welche Ideen würden ihr am besten gefallen? Wie können die HOW-Ideen realisierbar werden?

5 Welche Ideen sollen in Prototypen umgesetzt werden?

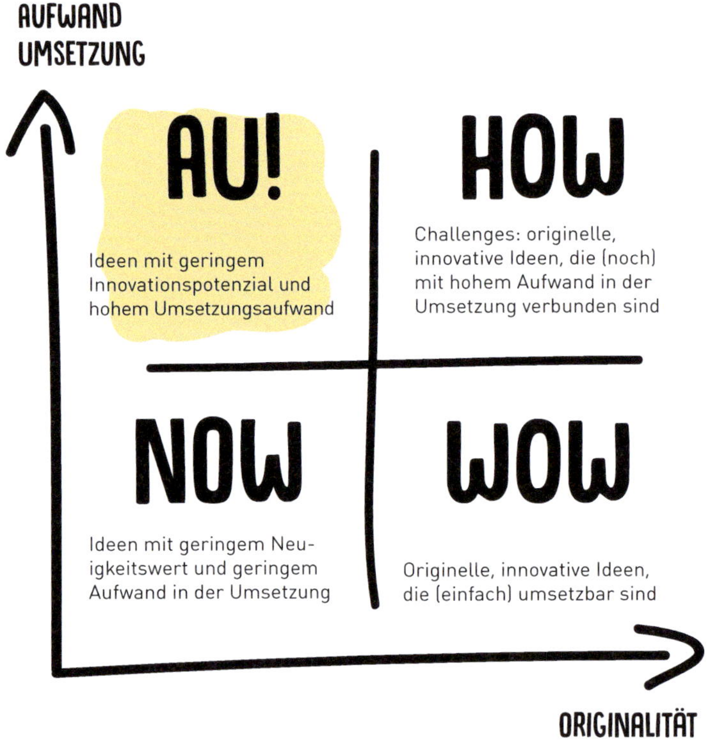

Erklärung der How-Now-Wow Matrix durch Dave Gray:
http://gamestorming.com/how-now-wow-matrix/

IDEENFINDUNGSMETHODEN

Methoden zur Ideenfindung dienen dazu, im Team entweder

- alle möglichen Ideen zu platzieren und loszuwerden (beispielsweise in einem klassischen initialen Brainstorming, bei dem jede Idee auf einem Post-it festgehalten wird), oder
- etwas aus einer anderen Perspektive zu betrachten, z.B. indem sich die Teilnehmer in eine andere Zeit hineinversetzen, oder
- durch physische Bewegung oder Veränderung der Körperposition auf andere Ideenareale zuzugreifen.

Wir empfehlen hierbei drei bis fünf unterschiedliche Methoden im Team auszuprobieren und die Kreativität je Iteration zu steigern. Hierbei hat es sich bewährt, jede Brainstorming-Runde mit einer gezielten Fragestellung zu beginnen, z.B.:

- Welche Funktionalitäten sind für den Nutzer zwingend notwendig?
- Wie würden wir die Herausforderung im Jahr 2050 angehen?

Ideengenerierung mittels Seestern-Methode zum Thema Mobilitätsbedürfnisse der Generation Millenials im Design Thinking Labor der Hochschule Biberach

IDEENFINDUNGSMETHODEN 01

6-3-5 Methode: Hierfür werden Blätter mit drei Spalten und sechs Zeilen in 18 Kästchen aufgeteilt und jeweils eins an die sechs Teilnehmer im Team ausgeteilt. Jeder Teilnehmer formuliert in der ersten Zeile zu einer gegebenen Fragestellung drei Ideen (je Spalte eine Idee). Das Blatt wird nach drei bis fünf Minuten von allen gleichzeitig im Uhrzeigersinn weitergereicht und die Ideen weiterentwickelt.

Auf den Ideen anderer aufbauen: Jeder Teilnehmer sucht sich eine Idee, die nicht von ihm selbst erbracht wurde und entwickelt drei weitere Ideen in Stillarbeit hinzu. Diese werden als Ideen-Cluster am Whiteboard mit der Gruppe geteilt.

2050: Die Teilnehmer springen gedanklich in das Jahr 2050, um hier mehr wilde und zukunftsorientierte Ideen zu entwickeln. Hierbei ist alles möglich und die technische Umsetzbarkeit keine Grenze. Verwenden Sie je Idee ein Post-it.

Objektbrainstorming: Die Betrachtung eines (beliebig gewählten) Objekts lädt zu der Frage ein, wozu man das Objekt gebrauchen könnte und stellt damit eine neue Inspirationsquelle für freies Assoziieren dar.

Negatives Brainstorming: Zielt auf das Sammeln von Ideen, die das Problem nicht lösen, sondern verschlimmern würden. Diese Perspektive ermöglicht es, die Schwachpunkte eines Problems zu analysieren. Die negativen Ideen können dann mithilfe eines umgekehrten Brainstormings wieder in hilfreiche Ideen umgewandelt werden.

Heiße Kartoffel: Teilnehmer werfen sich einen Gegenstand – die heiße Kartoffel – zu. Die Person, welche die heiße Kartoffel fängt, soll eine Idee zur Fragestellung mitteilen. Da die Kartoffel heiß ist, geschieht dies in schnellem Tempo.

Seestern: Erfolgt das Brainstorming der Teammitglieder liegend, in Form eines Seesterns (siehe Foto S. 69), unterstützt der Wechsel der räumlichen und körperlichen Perspektive den Fluss neuer Gedanken für die Ideenfindung. Die Personen nennen spontan ihre Gedanken zur Lösungsfindung und inspirieren sich gegenseitig. Eine Person kann sich in die Mitte des Seesterns setzten und die Ideen mitprotokollieren (eine Idee je Post-it).

IDEENFINDUNGSMETHODEN 02

Fotobrainstorming: Nutzen Sie unterschiedliche Magazine, z.B. aus den Themenbereichen Lifestyle, Architektur oder Innovation um ein Foto auszuwählen, welches Sie im Kontext der Design Challenge inspirierend finden (jeder Teilnehmer für sich). In einer begrenzten Zeit, ca. fünf Minuten, schreiben Sie Stichworte zu dem von Ihnen gewählten Foto auf. Dabei ist es wichtig, alles aufzuschreiben, was Ihnen in den Sinn kommt, ohne eine Wertung der Ideen vorzunehmen. Hierdurch wird freie Assoziation möglich.

Ideen-Zug: Mit Post-its und Stift gewappnet fährt der Zug los! Sie führen Ihr Brainstorming durch, während Sie hintereinander her gehen und kleben Ihre Ideen, nachdem Sie sich diese gegenseitig laut erzählt und notiert haben, auf den Rücken des Vordermanns. Eine Idee pro Post-it, damit Sie diese später am Whiteboard sortieren können.

Brainwriting: Jeder Teilnehmer schreibt zur gegebenen Design Challenge drei Ideen auf einen separaten Zettel. Diese Ideenzettel werden in mehreren Durchläufen an die benachbarten Teammitglieder weitergegeben und ergänzt bzw. weiterentwickelt. Am Ende eines Brainwritings liegen zahlreiche Ideen vor, welche in der Gruppe diskutiert und priorisiert werden können.

Semantische Intuition: Bei der semantischen Intuition verbinden Sie nach dem Zufallsprinzip Begriffe miteinander, um daraus neue Ideen zu gewinnen. Auf Post-its notieren Sie alle Begriffe, die Ihnen zum Thema einfallen. Nachdem Sie die Zettel in einer Box gemischt haben, ziehen Sie immer paarweise zwei Zettel heraus und verbinden diese Gedanken miteinander ...

Fünf-Mal-Warum-Methode: Fragen Sie fünf Mal warum, dann erkennen Sie die wahre Ursache des Problems! Formulieren Sie das Problem schriftlich. Nun kommt das erste Warum: Warum ist das Problem so wie es ist? Schreiben Sie nun eine Antwort auf die erste Warum-Frage. Auf diese Antwort kommt die zweite Warum-Frage: Warum ist das so? Und so weiter ...

Brainstorming posters: https://bit.ly/2Wj3ZOc

IDEENSTECKBRIEF TEMPLATE

Skizzieren Sie hier Ihre Idee (Visualisierung)

Beschreiben Sie hier Ihre Idee
ZWECK

Was machen Sie, um den Zweck zu realisieren?
RESULTAT

Wie gestalten Sie die Umsetzung?
PROZESS

Fotobrainstorming

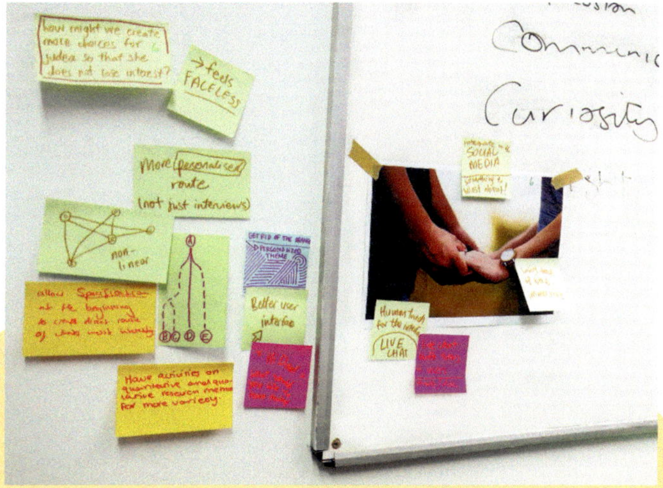

„Everyone has ideas. They may be too busy or lack the confidence or technical ability to carry them out. But I want to carry them out. It is a matter of getting up and doing it."

James Dyson

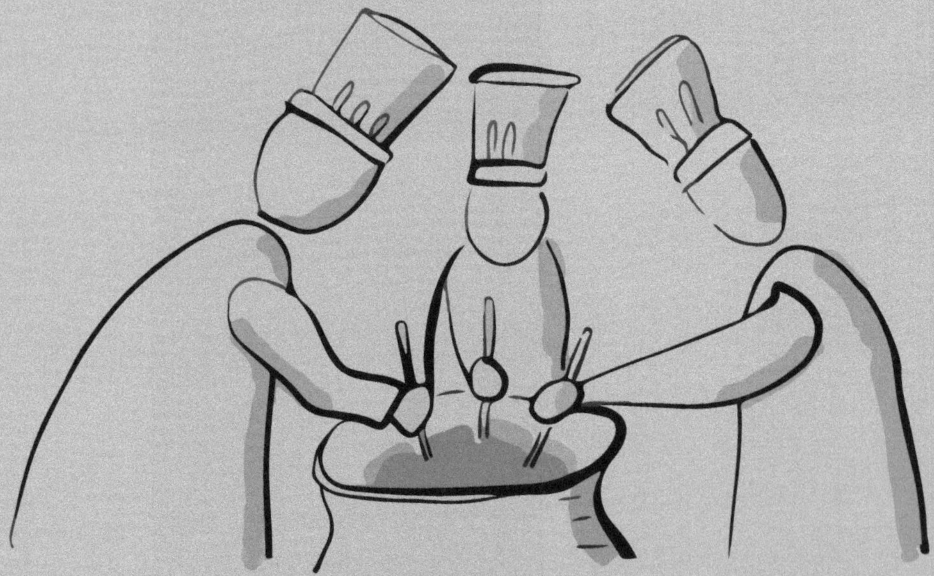

PHASE FÜNF

PROTOTYPEN ENTWICKELN

05

WARM-UP

PAPIERFLIEGER

Die Teilnehmer bilden 2er oder 3er Teams. Jedes Team bekommt ein A4-Blatt.

- Die Aufgabe besteht darin, in zwei Minuten gemeinsam und schweigend einen Papierflieger zu bauen, der weit fliegt. Zusätzliche Herausforderung ist, dass jeder Teilnehmer den Papierflieger mit seiner schwachen Hand baut (also Rechtshänder bauen mit der linken Hand).
- Nach den zwei Minuten schreibt jedes Team die Namen der Teammitglieder auf den Flieger.
- Alle Teams bringen ihre Flieger an eine Startlinie von der aus die Flieger gleichzeitig geworfen werden. (Variante: mit dem schwachen Arm werfen lassen.)
- Das Siegerteam mit dem am weitesten fliegenden Papierflieger wird bejubelt.

Reflexion

Das Warm-up dient dazu, ins Tun zu kommen und „mit den Händen zu denken". Es geht in der Phase „Prototypen entwickeln" darum, schnell und einfach die Idee physisch greifbar (bei Produkten) bzw. erlebbar (bei Service oder Dienstleistungen) zu machen. Dabei sollte der Fokus auf dem gemeinsamen Bauen liegen und nicht auf dem Diskutieren, wie jeder einzelne Vorgehen würde.

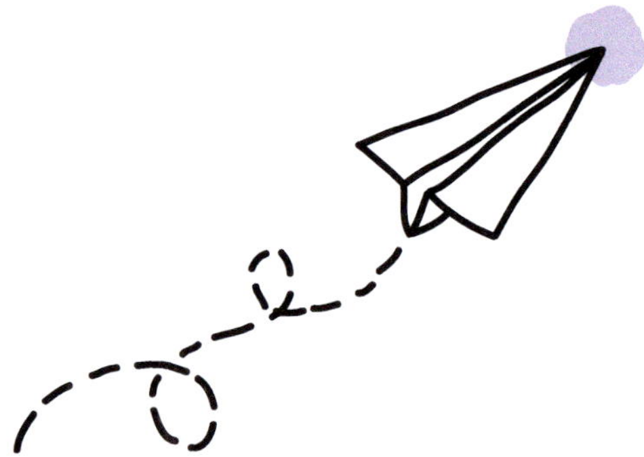

5 min

Material:
A4-Blätter

WARM-UP

10 THINGS IN A PAPER BAG

Jeder Teilnehmer bringt seine selbst befüllte Papiertüte mit. Am Workshoptag gibt es mehrere Möglichkeiten, die Tüten und ihre Inhalte zu nutzen.

1 Raten, wer welche Tüte mitgebracht hat
Dafür werden die Teilnehmer gebeten, ihren Tüteninhalt vorher niemanden zu zeigen und sie morgens einfach an einen bestimmten Platz im Raum zu stellen. Dann nimmt sich jeder Teilnehmer eine Tüte, die er nicht selbst mitgebracht hat und versucht, anhand des Inhalts zu erraten, wer die Tüte wohl gefüllt hat. Es empfiehlt sich, eine Zeitbegrenzung von eine Minute einzuhalten. Wird die Person in diesem Zeitraum nicht erraten, gibt sie sich selbst zu erkennen.

2 Stilles Prototyping
Es werden Teams à vier bis fünf Personen gebildet. Jeder Teilnehmer nimmt seine Tüte mit in sein Team. Dort werden die Inhalte offen ausgelegt.

Raten: pro Teilnehmer ca. 1 min
Stilles Prototyping: 10 min + ca. 3 min
Präsentation: 3 min pro Team

Material: Papiertüten
Vorbereitung: Die Teilnehmer werden gebeten, am Abend oder morgens zehn verschiedene Dinge in die Tüte zu packen und in den Workshop mitzubringen. Sie erhalten keine Tipps, was das sein könnte und wozu diese benötigt werden.

Die Teams werden aufgefordert, mithilfe der mitgebrachten Utensilien einen Prototypen zu bauen.

Beispiele für Aufgaben:
- Schneller Prototyp für das Workshopthema
- Prototyp für den optimalen Kreativraum
- Prototyp für gute Teamkommunikation

Damit es nicht zu einfach wird, werden die Teams aufgefordert, sich während des Prototypings nicht zu unterhalten und einfach nur zu versuchen, auf den Ideen der anderen aufzubauen. Anschließend erklären sich die Teams gegenseitig, wie die Prototypen funktionieren und was sich jeder dabei gedacht hat.

Reflexion
Es ist spannend zu sehen, wie unterschiedlich die Aufgabe interpretiert wird und welche Gegenstände zum Vorschein kommen. Die Teilnehmer erfahren manche spannenden Details von anderen, die neue Sichtweisen eröffnen. Beim stillen Prototyping führt das Redeverbot dazu, dass die Teams nicht zu sehr konzeptionell „verkopfen", sondern direkt in die Bauphase einsteigen und sich dadurch schneller auf die Phase „Prototypen entwickeln" einlassen können. In der anschließenden Präsentation sind die Teilnehmer meistens überrascht, welche Ideen bei der Interpretation der Prototypen entstehen und wie diese die Kreativität fördern.

PHASE

PROTOTYPEN ENTWICKELN

In der Phase „Prototypen entwickeln" geht es darum, eine Idee so in Form zu bringen, dass potenzielle Nutzer sie bewerten können. Dafür werden erlebbare Prototypen gebaut, mit denen Nutzer interagieren können. Mit zunehmendem Zeitverlauf wird der Prototyp aufwendiger.

Sie haben ca. 45 Minuten Zeit die Idee in einen oder mehrere Prototypen umzuwandeln. Visualisierungen, Modelle, Legolandschaften oder Rollenspiele lassen die Idee lebendig werden. Dabei sollte bereits angedacht werden, wie in der nächsten Phase Tester mit dem/den Prototypen interagieren können.

1 Skizzen und Realisierung

- ○ Was ist die Hauptfunktion des Prototypen?
- ○ Welches Bedürfnis soll der Prototyp abdecken (aus dem Standpunkt der Nutzerin)?
- ○ Aus welchen Bestandteilen soll der Prototyp bestehen?
- ○ Mit Papier-Stift Prototypen beginnen, um die Hauptfunktion zu skizzieren.
- ○ Wie sieht der Prototyp genau aus?
- ○ Wie fühlt sich der Prototyp an?
- ○ Wie funktioniert und wie verhält sich der Prototyp genau?
- ○ Gut genug sein: Passen Sie den Prototyp der jeweiligen Projektphase so an, dass dieser gerade gut genug ist.
- ○ Schnell sein: Versuchen Sie in den Anfangsphasen eines Projektes schnell zu bauen!

TRANSFERGEDANKEN ...

Adenauer, J. & Petruschat, J. (2012): Prototype! physical, virtual, hybrid, smart tackling new challenges in design and engineering • **HPI-Stanford Design Thinking Research Program (2013):** Design Thinking Prototyping Cardset. • **Mayer, von Schmieden & Taheri, Onlinekurs:** https://open.hpi.de/courses/prototype2019 • **Protobot Warm Up (o.J.):** https://protobot.org/

Ein paar Anregungen zur Erwartungshaltung im Hinblick auf die Entwicklung von Prototypen:

Design Thinking kombiniert den nutzerzentrierten Ansatz mit der frühestmöglichen Herstellung von Prototypen in den ersten Entwicklungsschritten. Spätere Nutzer werden mit diesen Prototypen konfrontiert. Durch die haptische Erfahrbarkeit eines Prototypen können die Kunden viel intensiver und mit allen Sinnen spüren und entscheiden, ob ein Produkt oder Service aus der Nutzerperspektive sinnvoll ist oder nicht. Die Neurowissenschaft weist darauf hin, dass die haptische Erfahrung von Unbekanntem (z.B. einem neuen Produkt) eine maximal tiefgehende Wahrnehmung ermöglicht und in hohem Maße die Qualität allfälliger Nutzeraussagen steigert (vgl. Liedtka 2018, S. 77). Bei der Entwicklung von Prototypen im Sinne der Design Thinking Methode geht es weniger um die Feinabstimmung von Produkten oder Services als vielmehr um die iterativen Erfahrungen mit Nutzern im Prozess der Lösungsgenerierung. Es geht am Anfang einer neuen ungetesteten Idee um die Schaffung einfacher, niedrig auflösender Prototypen, die oftmals noch ungenauer sind als ein minimal viable product aus der Start-up-Szene. Solche Artefakte entstehen schnell und kostengünstig und erlauben Flexibilität in der Weiterentwicklung nach dem Testen.

Prototypen laden durch den Charakter des Unfertigen zum Mitmachen ein und ermöglichen schließlich ein schnelles und ressourcenschonendes Scheitern.

Der Prototyp bleibt somit nicht alleiniges Ergebnis aus dem Design Thinking Prozess, weitere Resultate sind:

- die gemeinsam gewonnen Einsichten,
- eine geschärfte Wahrnehmung bei allen Beteiligten,
- das neu erworbene und geteilte Wissen,
- ein besseres Kundenverständnis,
- dadurch auf längere Sicht bessere Produkte und Dienstleistungen.

Der kreative Prozess wird durch die Arbeit in den Workshops erst getriggert. Die eigentlichen Ergebnisse entstehen erst im weiteren Verlauf des Projektes und fußen auf sämtlichen Erkenntnissen, die in Workshops, in der Weiterbearbeitung durch einzelne Beteiligte oder in Teammeetings unter Nutzung von Methoden aus dem Design Thinking generiert werden.

BEISPIELE FÜR PROTOTYPEN

Ein Rollenspiel als Prototyp für die Entwicklung eines neuen Reisekonzepts für Studierende, Design Thinking Labor Hochschule Biberach

Prototyp Rathausmodell zur Visualisierung unterschiedlicher Varianten im BIM Lab der Hochschule Biberach | Foto: Stefan Sättele

Prototyp mit Lego zum Thema Intensivierung der bereichsübergreifenden Kooperation

Ein Storyboard als Prototyp für ein Verkaufstraining für Bankberater, das vom traditionellen Beratungsmodell abweicht

EINIGE PROTOTYPEN METHODEN IM DETAIL 01

Prototyp-Methode	Material	Auflösungsgrad* niedrig	mittel	hoch	Geeignet für
Skizze	Papier oder digital, skizziert oder gekritzelt auf Flipchart oder Papierbögen (A4, A3) oder Post-its.	✓			Als erster Schritt von Idee zu Prototyp Alles, Produkte + Service (Storyboards)
Mock-up	Zeigt den Gesamteindruck eines Systems, ohne notwendigerweise zu funktionieren.		✓		Digitale + physische Produkte
Wireframe	Früher konzeptioneller Entwurf eines Systems. Zeigt funktionale Aspekte und ideale Anordnung von Elementen auf.	✓			Website
Diagramm	Aufzeigen von Zuordnungen. Verknüpfungen von Ideen können geprüft werden und wie sich das Erlebnis über Zeit verändert.	✓	✓		Website
Papier	Bau oder Anreicherung von Objekten und Produkten mit Papier oder Karton.	✓			Digitale + physische Produkte, Miniaturen, Architektur, Accessoires
Storytelling und Storywriting	Kommunizieren oder präsentieren von Abfolgen und Geschichten.	✓	✓	✓	Erlebnisse, Service-Prototypen
Storyboards	Die End-to-End Customer Journey einer Serie von Bildern oder Skizzen aufzeigen.	✓	✓		Erlebnisse, Service-Prototypen
Geschäftsmodell	Systematische Darstellung von geschäftlichen Zusammenhängen, Beziehungen, z.B. mit Business Model Canvas oder Lean Canvas.	✓	✓	✓	Geschäftsmodelle
Bodystorming	Nachbilden von spezifischen Situationen unter körperlichem Einsatz der Projektteammitglieder.	✓			Physische Erlebnisse

EINIGE PROTOTYPEN METHODEN IM DETAIL 02

Prototyp-Methode	Material	Auflösungsgrad* niedrig	mittel	hoch	Geeignet für
Video	Aufnahme und Darstellung auch von komplexen Szenarien.	✓	✓		Erlebnisse, Services, Marketingideen
Foto	Fotomontage für die simulierte Darstellung einer Situation. Evtl. Bildbearbeitungs-Software zusätzlich verwenden.	✓			Produkte, digitale und physische Erlebnisse
Physisches Modell	Zeigt eine zweidimensionale Idee in drei Dimensionen auf. Kann in Form eines 3D-Drucks erfolgen, aber auch anhand anderer Materialien wie beispielsweise Lego gebaut werden.	✓			Räume, Prozesse, Strukturen
Rollenspiel	Service- und Erlebnis-Prototypen lassen sich gut in Rollenspielen darstellen. Einrichtung, evtl. Verkleidung und präzise Wortwahl helfen dabei den gewünschten Zustand so gut wie möglich abzubilden, sodass Tester die Situation erleben können und sich diese nicht hypothetisch (durch Beschreibung) vorstellen müssen.	✓	✓		Erlebnisse, Service-Prototypen
Minimum Viable Product (MVP)	Lauffähige Version eines Systems oder einer Version, nur mit der allernotwendigsten Funktion versehen.	✓	✓	✓	Digitale Produkte, Software
Service Blueprinting	Strukturierte Beschreibung von Services für die umfassende Erlebnisgestaltung in der end-to-end Customer Journey.	✓	✓	✓	Produkte, digitale und physische Services

* niedrig: in früher Phase, mittel: erste Lösungsansätze, hoch: eher finale Lösungen

Tabellen entnommen und ergänzt von Lewrick et al. (2017):
Das Design Thinking Playbook. München: Vahlen.

„In the real world, the smartest people are people who make mistakes and learn. In school, the smartest people don't make mistakes."

Robert Kiyosaki

PHASE SECHS

TES TEN

06

WARM-UP

1-2-3 HURRA!

Jeder Teilnehmer sucht sich einen Partner.

Runde 1
Man zählt im Wechsel gemeinsam auf drei und wiederholt das und wird dabei immer schneller, also so: Person A: „eins“, Person B: „zwei“, Person A: „drei“, Person B: „eins“, Person A: „zwei“ ...

Runde 2
Man ersetzt die zwei durch ein Klatschen, also so: Person A: „eins“, Person B: „klatscht“, Person A: „drei“, Person B: „eins“, Person A: „klatscht“ ...

Runde 3
Nun wird auch noch die drei ausgewechselt, indem man mit den Fingern schnipst, also so: Person A: „eins“, Person B: „klatscht“, Person A: „schnipst“, Person B: „eins“, Person A: „klatscht“, Person B: „schnipst“ ...

Runde 4
Jedes mal, wenn sich einer verspricht oder die falsche Geste macht, heben beide die Hände in die Luft und schreien HURRA und bejubeln so gemeinsam das Scheitern.

Reflexion
Das Warm-up dient dazu, das Prinzip „früh und oft Scheitern“ hervorzuheben und als festen Teil des Lernprozesses in Projekten zu begreifen. Schnelles Ausprobieren, Bauen und Testen ermöglichen kosten- und ressourcenschonendes Voranschreiten in der Lösungsfindung. Prototypen sind keine fertigen Lösungen, sondern liefern neue Erkenntnisse zur Verbesserung, oder die Idee wird vom Nutzer nicht gemocht und das Team begibt sich in Iterationsschleifen.

10 min

Kurz:
Runde 1: 1-2-3
Runde 2: 1-klatschen-3
Runde 3: 1-klatschen-schnipsen
Runde 4: 1-klatschen-schnipsen-HURRA!

WARM-UP

FREIER FALL

Die Teilnehmer bilden dreier oder vierer Teams (je nach Teilnehmeranzahl).

- Jedes Team bekommt eine Box.
- Die Teams haben zehn Minuten Zeit, ein Objekt zu bauen, das später von einer bestimmten Höhe (mindestens aus dem ersten Stock eines Gebäudes) fallen gelassen wird. Dafür müssen alle Materialien in dem Objekt verbaut werden. Ziel ist es, ein Objekt zu kreieren, das möglichst langsam fällt.
- Nach Ablauf der zehn Minuten lassen alle Teams nacheinander ihren Prototypen von derselben Höhe fallen; dabei wird die Zeit gestoppt. Gewinner ist das Team mit der längsten Fallzeit.

Reflexion
Das Warm-up dient dazu, bereits während dem Entwickeln einer Idee über das Testing-Szenario nachzudenken. Während manche Teams erst lange diskutieren, wie sie etwas bauen, bevor sie mit dem Machen anfangen, sind vielleicht andere damit beschäftigt, alle Materialien unterzubringen. Wieder andere gehen schnell in eine eigene Testphase, bauen und testen iterativ ihr Objekt.

15 min

Material:*
Eine Box pro Team mit: Federn, fünf Legosteinen, ein Klebestift, zehn Wattepads, drei Meter Schnur, fünf Gummibänder, zehn A4-Blätter, fünf lange Holzspieße

* Es ist wichtig, dass alle Teams mit genau den gleichen Materialien ausgestattet werden.

PHASE

TESTEN

In der Phase „Testen“ geht es darum, den oder die entwickelten Prototypen mit Nutzern zu testen. Der Prototyp stellt nur den aktuellen Wissens- und Annahmestand des Teams über den Nutzer dar.

Sie haben 20 Minuten Zeit, das Testszenario vorzubereiten und mit einem Kunden oder einem Feedbackgeber, der nicht Mitglied Ihres Teams war zu testen. Gehen Sie mit offenen Ohren und Augen in die Testing-Situation. Schauen Sie, ob Sie das Bedürfnis richtig erkannt haben. Sammeln Sie Nutzerfeedback und bleiben Sie offen für neue Erkenntnisse.

Hierbei kann es hilfreich sein, anhand einer ad hoc erstellten Dokumentation den roten Faden zu vermitteln, der am Ende zu den Lösungsansätzen und Prototypen geführt hat. In Workshops planen wir deshalb gerne vor dem Testen einen Zwischenschritt „Dokumentation“ ein. Im Rahmen dieser Aufgabe stellen die Teams die Ergebnisse der einzelnen Schritte in komprimierter Form auf zwei Flipchart-Blättern oder einem Bogen Brownpaper zusammen. Sie erhalten so einen guten Überblick, wie Ihre „Reise“ durch den Workshop ausgesehen hat.

1 Testszenario vorbereiten

- ○ Wie sieht Ihr Testszenario aus?
- ○ Offene Fragen für das Testszenario formulieren
- ○ Wo finde ich interessante Tester?
- ○ Rollenverteilung festlegen (Wer spricht? Wer macht Notizen?)

2 Testing durchführen

- ○ Grund des Testings erklären, Vertrauen aufbauen
- ○ Keine Verkaufsgespräche führen
- ○ Offene Fragen stellen
- ○ Die Testperson laut denken lassen, nicht unterbrechen
- ○ Die 20-zu-80-Regel einhalten
- ○ Stille zulassen
- ○ Nach Stimmungen, Gefühlen fragen
- ○ Dankbarkeit zeigen

3 Feedback sammeln

- ○ Was hat funktioniert/mag die Nutzerin? Warum?
- ○ Was hat nicht funktioniert/mag der Nutzer nicht? Warum?
- ○ Gab es Unklarheiten, hatte der Tester Fragen?
- ○ Neue Ideen, Anregungen
- ○ Am Ende kann auch danach gefragt werden, in welchen Geschichten und Situationen der Prototyp brauchbar wäre

TRANSFERGEDANKEN ...

Onlinekurs „Basics of Design Testing": https://open.sap.com/courses/ut1-2 • **HPI-Stanford Design Thinking Research Program (2013):** Design Thinking Prototyping Cardset. • **Mayer, von Schmieden & Taheri, Onlinekurs:** https://open.hpi.de/courses/prototype2019

VORBEREITEN: TESTANNAHMEN FORMULIEREN

Vor jedem Test mit potenziellen Nutzern ist es wichtig, sich im Team darüber klar zu werden, welche Testannahmen zu gegebenem Zeitpunkt im Team bestehen.

Diese bestimmen das weitere Vorgehen und legen fest, was in der nächsten Iterationsrunde passieren soll. Wir empfehlen, dass sich das Team zunächst alle Testannahmen notiert. Überlegen Sie dann für jede Annahme, mit welcher Frage sie im Nutzertest überprüft werden kann. Es kann auch sinnvoll sein, die Annahme durch ein Szenario zu überprüfen, indem Sie beispielsweise eine bestimmte Verhaltensweise während oder im Nachgang zu einem Nutzertest beobachten.

Beispiel: Wir nehmen an, dass Nutzer den Check-out-Prozess auf einer Homepage reibungslos durchlaufen können. Im Test erstellen wir ein Szenario, in dem ein Tester einen Kauf tätigt. Dabei beobachten wir, ob der Prozess intuitiv verläuft, indem wir auf eventuelles Zögern oder Unsicherheiten achten.

Wichtig ist, dass Testaufnahmen eindimensional und konkret (messbar) formuliert sind. Ziel ist es, nach dem Test auf Basis der Notizen und Beobachtungen die Testannahmen zu verifizieren, zu verwerfen oder als noch offen einzustufen. Damit starten Sie dann in die Iteration (siehe Iteration Card).

Ein weiteres Testannahme-Tool, um alle im Team vorhandenen Annahmen zu verschriftlichen, sind sogenannte **Learning Cards** oder **Test Cards** (siehe Bland et al., 2019). Hier wird festgehalten, mit welchem Test die jeweilige Annahme überprüft wird, wie dies gemessen wird, unter welchem Kritikpunkt diese Annahme als richtig/wahr angenommen werden kann und wer bis wann dafür verantwortlich ist. Dieses Tool bietet sich vor allem dann an, wenn es um konkrete Innovationsprojekte und deren Projektplanung geht.

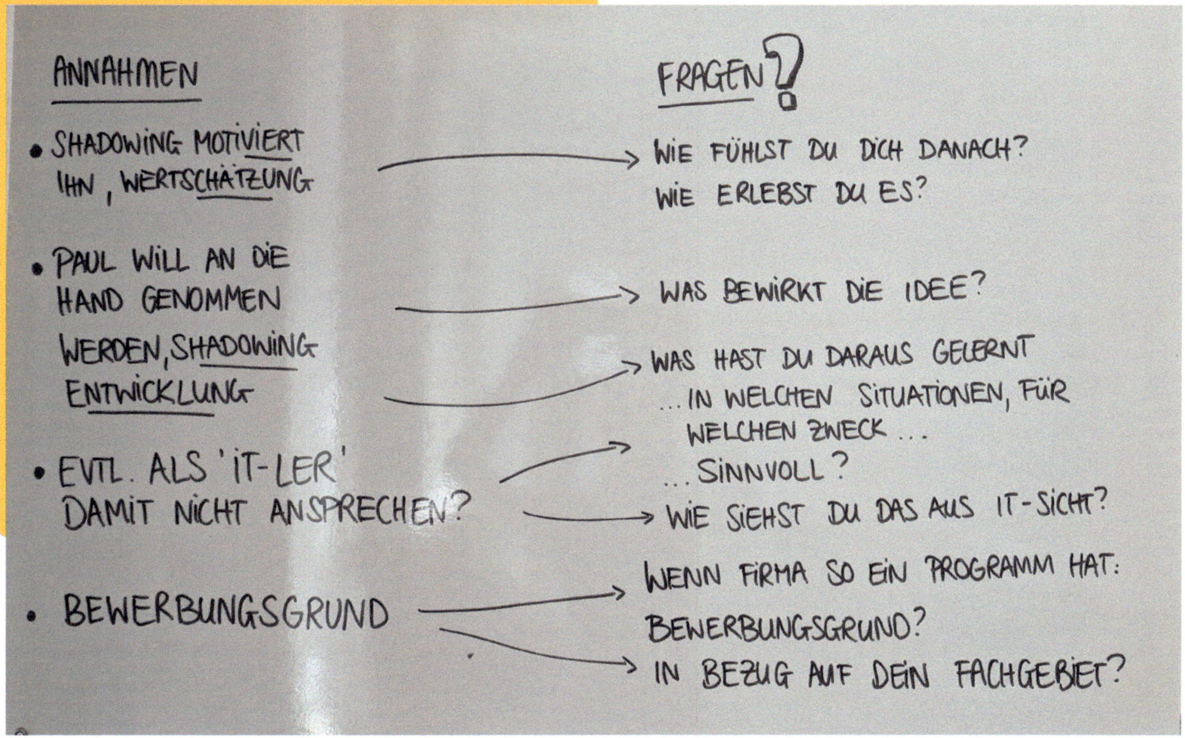

Beispiel: Testannahmen und abgeleitete Fragen für das Testszenario

LEARNING CARD

Testbezeichnung:

Eine Überlegung, warum die Idee funktionieren wird:

1. Testannahme: Wir nehmen an, dass …

Wie wollen Sie diese Annahme anhand eines Prototyps überprüfen?

2. Setup: Um dies zu verifizieren, werden wir …

Mit wem werden Sie testen? Nennen Sie Rollen oder bestimmte Personen.

3. Testpersonen: Wir testen dies mit …

Was wollen Sie herausfinden? Wie wollen Sie feststellen, ob Ihre Annahme richtig war?

4. Metrik: Wir messen und beobachten …

… unsere Annahme ist richtig, wenn:

Test vorbereiten mit der Learning Card (abgewandelt von der Test Card von Strategyzer)

ITERATION CARD

Testbezeichnung:

1. Testannahme: Wir nahmen an, dass ...

2. Ergebnis: Unsere Annahme ist

- ☐ bestätigt
- ☐ widerlegt, weil ...

3. Wir haben gelernt, dass ...

4. Wichtigste Erkenntnis
Was ist das Wichtigste, das Sie im Test gelernt haben?

5. Nächster Schritt: Wir werden ...

6. ..., weil ...

Test auswerten mit der Iteration Card (abgewandelt von der Learning Card von Strategyzer)

DURCHFÜHREN: 1. ERLEBEN, 2. REFLEKTIEREN

Die erste Testphase in einem Innovationsprojekt wird auch gerne als „informiertes Interview" bezeichnet. Viele Elemente der „Beobachtungsphase" (Kapitel 02) und vor allem die Interviewtipps gelten auch hier. Als visuelle Hilfestellung entsprechend der Interviewkurve für Phase 2 (S. 44) skizzieren wir den Ablauf eines Nutzertests gerne wie nachfolgend:

Die Testdurchführung besteht aus zwei Teilen:
1. Erleben des Prototyps, 2. Reflektieren des Prototyps

1 Erleben des Prototyps
Im ersten Teil sollen (potenzielle) Nutzer mit dem Prototyp Ihres Teams interagieren und diesen unvoreingenommen erleben. Ziel ist es, möglichst viel intuitives Feedback und Nutzerverhalten zu beobachten. Wir empfehlen: Stellen Sie sich kurz vor, nennen Sie den Grund für die Testdurchführung und umreißen Sie kurz die wichtigsten Informationen, die zum Verständnis des Settings notwendig sind. Ermutigen Sie dann die Testperson, „laut zu denken", und beginnen Sie mit dem Test Ihres Prototyps (z.B. Übergabe eines Artefakts oder Rollenspiel).

2 Reflektieren des Prototyps
Im zweiten Teil reflektieren Sie gemeinsam mit der Nutzerin das Erlebte. Gehen Sie gezielt auf auffällige Momente ein und fragen Sie nach dem Warum, nach Gefühlen und Unklarheiten. Nutzen Sie den Reflexionsraum, um Ihre Testannahmen mit gezielten Fragen zu überprüfen, und geben Sie Raum für neue Kommentare und Fragen der Testpersonen. Wichtig bei Projekten: Geben Sie am Ende einen Ausblick auf weitere Projektschritte bzw. geplante Zusammenarbeit.

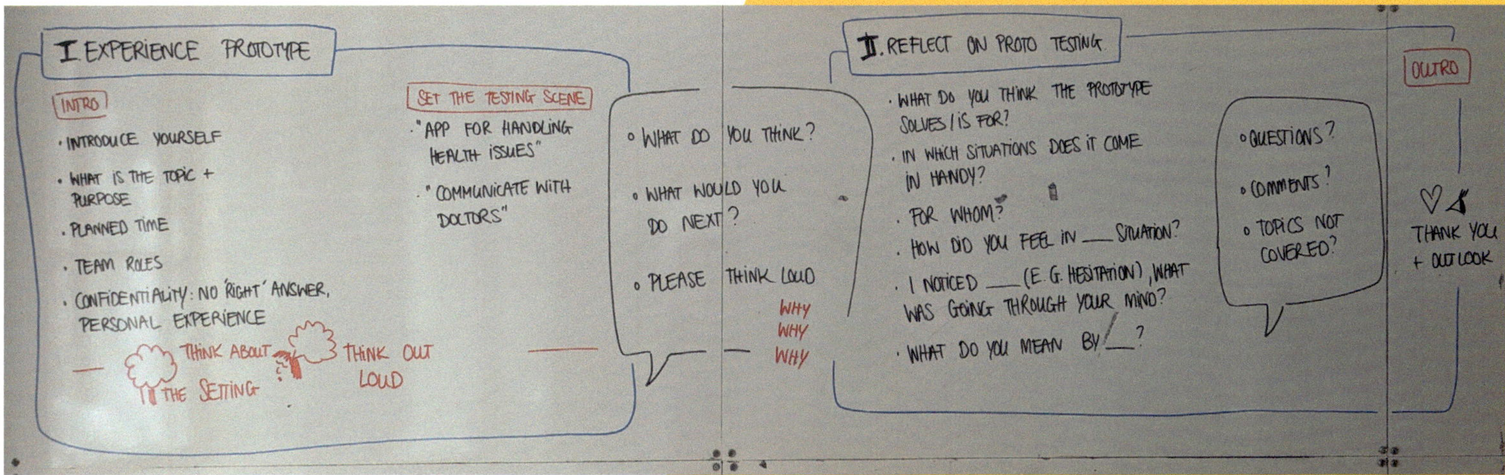

Testablauf: Erleben, Reflektieren

https://go.codify.in/leanexperimentdesign
Bland & Osterwalder (2019): Testing Business Ideas
Fitzpatrick (2013): The Mom Test

FEEDBACK SAMMELN: FEEDBACKGRID

Methode Feedbackgrid
Zum Sammeln von Nutzerfeedback für weitere Iterationsschritte

Was hat funktioniert, wurde verstanden, mochte die Testerin?

Was hat nicht funktioniert, mochte der Tester nicht?

Was war unverständlich, welche offenen Fragen hatte der Tester?

Welche neuen Ideen oder Änderungsvorschläge hatte die Testerin?

Tester interagieren mit dem Prototyp

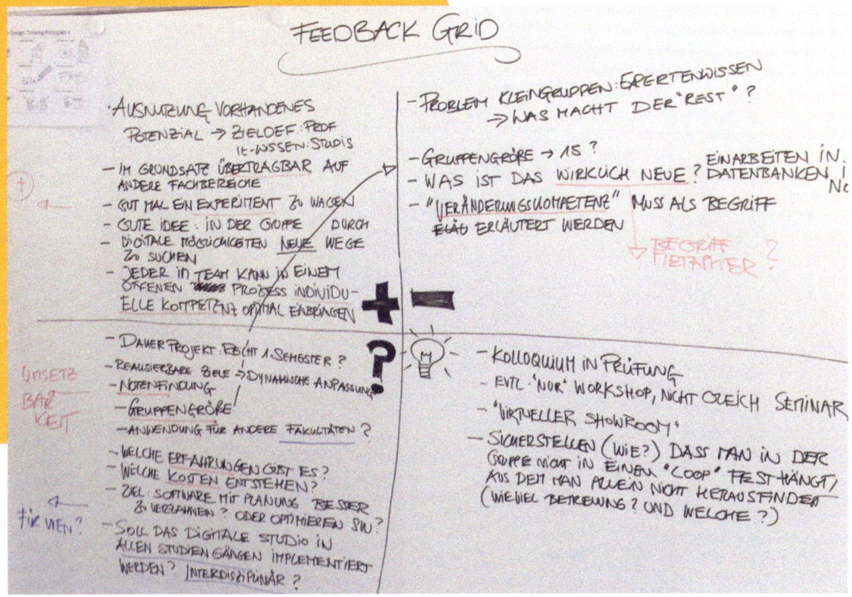

Beispiel für gesammeltes Feedback aus der Phase Testen

IV

DOKUMENTATION ITERATION

DOKUMENTATION

Die Erfahrung aus unseren Workshops zeigt immer wieder, wie wichtig es ist, dass Teams die Kernaspekte auf ihrem Weg zum Ziel möglichst zeitnah dokumentieren.

Zum einen wird dadurch der rote Faden durch die verschiedenen Schritte noch einmal bewusst gemacht und nachvollzogen.

Zum anderen stellen wir häufig fest, dass Teams die entwickelten Prototypen als Ergebnis des Workshops sehen. Workshops, in denen konzentriert gearbeitet und sensibilisiert wird, sind aber eher der Vorbereitungsphase zuzuordnen. Wie wir beim Thema Kreativität bereits erläutert haben, findet die Inkubationsphase und die Illumination typischerweise außerhalb konzentrierter Arbeitsphasen (nach Workshops) statt.

Die Dokumentation stellt sicher, dass die wertvollen Zwischenergebnisse erhalten bleiben, die zur Ideenfindung und Entwicklung erster Prototypen geführt haben.

Um alle generierten Ergebnisse später auch intern und im weiteren Verlauf der Projekte kommunizieren zu können, sollte in Workshops darauf geachtet werden, dass die einzelnen Phasen mit ihren Zwischenergebnissen mitdokumentiert werden. Machen Sie deshalb zwischendurch immer mal wieder Fotos von den Ergebnissen der Teamarbeiten (Wände, Flipcharts, Post-it-Collagen ...).

Außerdem unterstützt die Ad-hoc-Dokumentation sie dabei, den Fokus bezüglich der Workshop-Ergebnisse nicht ausschließlich auf Ideen und Prototypen zu setzen, sondern den Wert jeder einzelnen Phase nochmals herauszuarbeiten und bewusst zu machen.

Sie können die einzelnen Ergebnisse in komprimierter Form auf zwei Flipchart-Blättern oder einem Bogen Brownpaper zum Beispiel so zusammenfassen:

Flipchart 1:

VERSTEHEN – Verwenden Sie die Post-its auf denen sie die Clusternamen oder Hauptfragen aus dieser Phase notiert haben (z.B. Rahmenbedingungen, Ziel, Budget, Bedenken, Zielgruppe ...)

BEOBACHTEN – Nennen Sie die verschiedenen Rechercheschritte, die sie verwendet haben und geben Sie einen quantitativen Eindruck (z.B. fünf Interviews, drei Internetartikel, zwei Expertenvorträge, zwei Fachbuchausschnitte, drei Selbstversuche ...)

SYNTHESE – Nutzen Sie die Post-its und Vorlagen, die Sie während des Schrittes notiert haben. Geben Sie einen schlagwortartigen Überblick, welche Haupterkenntnisse sie aus den Beobachtungsergebnissen gezogen haben.

Welche Themen haben Sie ausgewählt, um sie für Ihre Persona zu nutzen? Welche Einsichten haben Sie formuliert?

Hängen Sie Ihre ausgefüllten Persona Templates dazu.

Erklären Sie, wie Sie ihre personalisierte Fragestellung (How-might-we-Frage) erreicht haben, mit der Sie dann in die Ideenfindung gestartet sind.

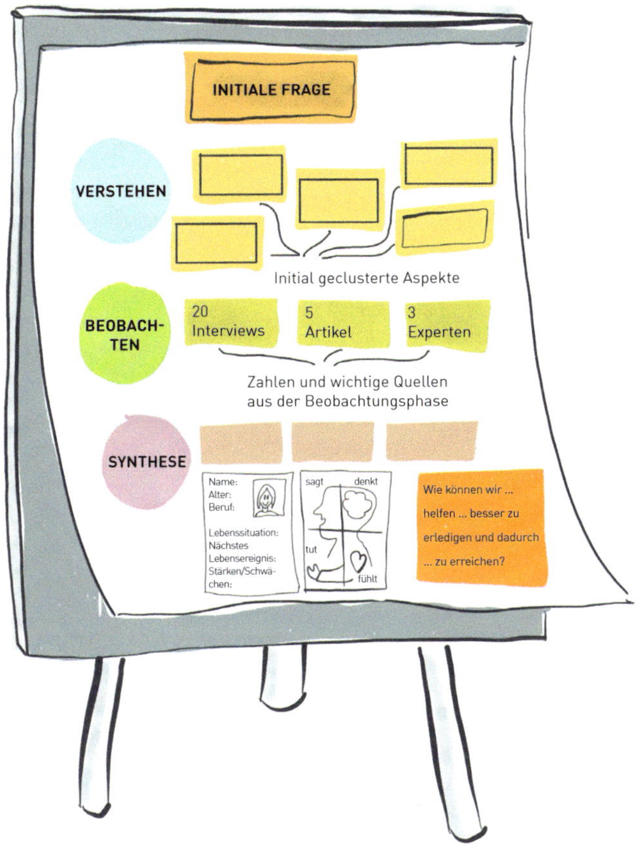

Flipchart 2:

IDEEN FINDEN – Wählen Sie aus der Vielfalt Ihrer Ideen diejenigen aus, die sie später für den Start ins Prototyping genutzt haben.

PROTOTYPEN ENTWICKELN – Hier können Sie später zum Beispiel Fotos von Ihrem Prototypen einfügen – für die Präsentation am Ende nutzen Sie natürlich das Original.

TESTEN – Drucken Sie vorab das Feedbackgrid aus, das wir auf S. 90 vorgestellt haben oder zeichnen Sie es an dieser Stelle auf das Flipchart. Hier notieren Sie dann in der Phase „Testen" das Feedback, das die Tester zu Ihren Ergebnissen gegeben haben.

Die Kür ist dann die Präsentation in Form eines Pitches, bei dem das Workshop-Ergebnis präsentiert wird. Dafür empfehlen wir folgenden Zeitrahmen:

- Erstellung der Dokumentation anhand der vorab gesammelten Zwischenergebnisse (5 Minuten)
- Präsentation Flipchart 1 (3-5 Minuten)
- Präsentation Flipchart 2 und Prototypen (5 Minuten)
- Feedback einholen und notieren (5 Minuten).

Bei weiteren Iterationen ist eine gut nachvollziehbare Dokumentation die Grundlage für die folgende Zusammenarbeit.

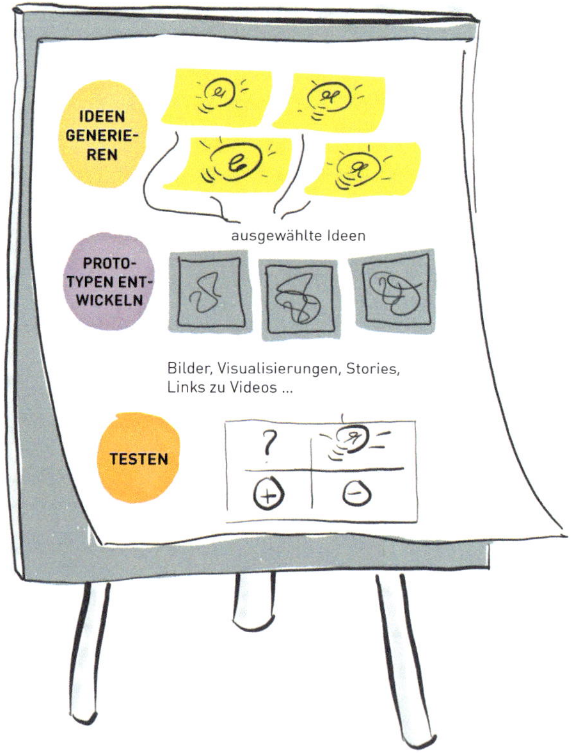

Beispiel für eine Dokumentation

ITERATION

Das Prinzip der Iteration ist ein wesentliches Element im Design Thinking Prozess. Es besagt, dass das Team einen oder mehrere Schritte zurück schaut und das bisher Erarbeitete hinterfragt und aus einer anderen Perspektive betrachtet. Ein früher Austausch mit (potenziellen) Nutzern und/oder Experten ist dafür essenziell. Wir empfehlen daher nach jedem Feedback im Team gemeinsam und strukturiert festzuhalten,

- was Sie gelernt haben,
- woran Sie jetzt arbeiten,
- in welche Phase Sie wieder einsteigen.

Immer wieder begegnen wir Workshop-Teilnehmern, die die Hoffnung hegen, dass ein einzelner Durchlauf des Design Thinking Zyklus im Rahmen eines ein- bis zweitägigen Workshops ausreicht, um den Durchbruch in einer Fragestellung oder bei der gemeinsamen Ideenfindung zu erreichen. Das kann durchaus der Fall sein, ist allerdings eher die Ausnahme. Und Design Thinking ist auch nicht so gedacht.

Vor allem Menschen, die noch wenig Erfahrung mit Design Thinking haben oder zum ersten Mal bei einer Design Thinking Aktivität dabei sind, tun sich im Verlauf des Prozesses schwer damit, sodass sie beim jeweils nächsten Schritt denken oder sagen: „… hätte ich gewusst, wie die Ergebnisse im nächsten Schritt weiterverwendet werden, wäre ich den vorhergehenden Schritt anders angegangen …“ Diese Menschen können enttäuscht sein, weil sie sich selbst, die anderen Teammitglieder oder den Moderator für ein aus ihrer Sicht nicht ganz befriedigendes Ergebnis verantwortlich machen. Diese Enttäuschung ist verständlich, vor allem, wenn man bedenkt, dass im operativen Geschäft häufig nur wenig mehr Zeit für Design Thinking geschaffen wird als ein einziger Tag, auf den dann eine hohe Erwartungshaltung gesetzt wird.

Betrachten Sie es eher so: Ein einzelner initialer Design Thinking Workshop dient als Basis für den Einstieg in eine längere Projektphase, die mithilfe von Design Thinking strukturiert wird. Und dann ist es bildhaft gesprochen so, dass sich dieser erste Workshop, auf den gesamten Design Thinking Zyklus betrachtet, innerhalb der Phase „Verstehen“ befindet. Mithilfe dieses ersten Workshops durchlaufen Sie alle Phasen, die typisch im Ablauf von Projekten sind, in komprimierter Form. Sie haben dadurch in Ihrem Projekt die Chance, mögliche Hindernisse vorab zu erkennen und genau zu den Schritten zurück zu gehen, bei denen Sie sich das im Workshop gewünscht hätten. Diese Schritte können dann auch von Einzelpersonen oder kleineren Teams außerhalb von Workshops erledigt werden und in Abstimmungsrunden wieder weiterverarbeitet werden.

Eine unserer Trainingsteilnehmerinnen hat es so formuliert: „Design Thinking ist ein wünschenswerter Dauerzustand, bei dem man ständig zwischen den verschiedenen Schritten hin- und herpendelt, Annahmen trifft, die dann entweder verifiziert oder falsifiziert werden. Je nachdem wird weiter vorangegangen oder zurückgesprungen."

Die einzelnen Phasen des Design Thinking Zyklus sollen den Beteiligten helfen, die Art und Weise, wie sie Aufgabenstellungen im Team angehen, zu verändern. Deshalb ist die Struktur so wichtig, weil sie den Teams (aber auch Einzelpersonen) erlaubt, sich auf die inhaltlichen Herausforderungen zu fokussieren. Es ist schwierig, Gewohnheiten zu verändern und klare Leitplanken können uns dabei helfen.

„ANYTIME YOU'RE TRYING TO CHANGE PEOPLE'S BEHAVIOR, YOU NEED TO START THEM OFF WITH A LOT OF STRUCTURE, SO THEY DON'T HAVE TO THINK. A LOT OF WHAT WE DO IS HABIT, AND IT'S HARD TO CHANGE THOSE HABITS, BUT HAVING VERY CLEAR GUARDRAILS CAN HELP US."

KAREEN HANSON

Liedtka, J. (2018): Why Design Thinking Works. Harvard Business Review, September issue: 72-79. • https://hbr.org/2018/09/why-design-thinking-works • **Mayer et al. (2020):** Design Thinking Navigator – Poster zu Iterationsschleifen im Design Thinking Prozess.

WARUM WARM-UPS? WEITERFÜHRENDE LINKS

Wozu dienen Warm-ups?
Bei der Arbeit mit der Design Thinking Methode sind Warm-ups hilfreich, um in einen offenen und kreativen Modus zu wechseln (siehe hierzu auch Kapitel II zur Kreativität). Wir verwenden hauptsächlich drei Arten von Warm-ups:

1 Energetisierende Warm-ups
Diese Warm-ups dienen dazu, Teams in Bewegung zu bringen und den ganzen Körper einzusetzen, um den Geist wieder zu aktivieren. Vor allem nach sättigenden Mittagspausen oder am Nachmittag nach einer langen Arbeitsphase eignet sich diese Warm-up Kategorie besonders, um den Raum wieder mit Energie zu füllen und Dynamik in die Teams zu bringen (z.B.: Danish Clapping, Ninja, Schere-Stein-Papier).

2 Warm-ups vor den einzelnen Phasen
Warm-ups zu Beginn einer Design Thinking Phase sollen dabei helfen, Teams auf den folgenden Arbeitsmodus einzustimmen. So kann ein Warm-up zum Beispiel auf das konvergierende oder divergierende Denken vorbereiten oder darauf fokussieren, Empathie aufzubauen, genau zuzuhören oder den Gedanken und Ideen freien Lauf zu lassen. Wir haben pro Phase mindestens ein Warm-up in diesem Lernlogbuch vorgeschlagen, um die Einstimmung zu erleichtern. Natürlich gibt es viele mehr.

Warm-up-Begeisterte können in den nachstehenden Quellen nach weiteren passenden Beispielen stöbern.

3 Warm-ups für Teamentwicklung
Eine weitere Variante von Warm-ups bietet sich für Gruppen und Teams an, die sich noch nicht gut kennen bzw. wenn über verschiedene Funktionen, Disziplinen oder Firmen hinweg zusammengearbeitet wird. Kurze Warm-ups zum Kennenlernen lassen das Eis schnell schmelzen und bringen Teams zusammen.
Diese Kategorie eignet sich besonders am Anfang gemeinsamer Projektarbeiten oder zu Beginn von Workshops mit Teilnehmern, die sich sonst nicht begegnen (Beispiele: 2 Truths & 1 Lie, Semantische Karte, Kennenlern-Bingo).

Weitere Quellen:
Gruppenspiele für Präsenz Workshops: https://www.workshop-spiele.de • **Improv Encyclopedia:** http://improvencyclopedia.org/categories//Warm-up.html • **Silvers (2014): Design Thinking Improv Games:** https://designthinkingformuseums.net/2014/02/18/using-improv-games-3-of-3

BEISPIELE FÜR WARM-UPS

How to make toast

Häuser zeichnen im Design Thinking Labor der Hochschule Biberach

Papierflieger im Design Thinking Labor der Hochschule Biberach

Blindes Portrait

V

AGENDA BEISPIELE

AGENDABEISPIEL 1-TAGES-WORKSHOP

9.00	UHR	→	Willkommen und Warm-up
9.30	UHR	→	Überblick Design Thinking
10.00	UHR	→	Verstehen
10.30	UHR	→	Beobachten
12.00	UHR	→	Mittagessen
12.30	UHR	→	Standpunkt definieren I (Sammeln, Storytelling, Clustern)
13.15	UHR	→	Standpunkt definieren II (Persona, neue Frage)

Zuerst das Problem verstehen ...

14.00	UHR	→	Ideen finden
14.30	UHR	→	Prototypen bauen
15.30	UHR	→	Pause
15.45	UHR	→	Ergebnisse präsentieren
16.15	UHR	→	Nächste Schritte festlegen
16.45	UHR	→	I like, I wish
17.00	UHR	→	Ende

Dann das Problem lösen ...

AGENDABEISPIEL 2-TAGES-WORKSHOP

TAG 1

9.00 UHR → Willkommen und Warm-up
9.30 UHR → Überblick Design Thinking
10.00 UHR → Verstehen
10.15 UHR → Beobachten
12.45 UHR → Mittagessen
13.45 UHR → Standpunkt definieren I (Sammeln, Storytelling, Clustern)
15.00 UHR → Standpunkt definieren II (Persona, neue Frage)
15.45 UHR → Pause
16.00 UHR → Teampräsentation Workshop-Ergebnisse Tag 1
16.45 UHR → I like, I wish
17.00 UHR → Ende

Zuerst das Problem verstehen ...

TAG 2

9.00 UHR → Willkommen und Warm-up
9.30 UHR → Ideen finden
10.30 UHR → Prototyp bauen
12.00 UHR → Mittagspause
13.00 UHR → Team-Ergebnisse präsentieren, Feedback sammeln
14.00 UHR → Feedback struckturieren und einarbeiten
15.00 UHR → Nächste Schritte festlegen
15.45 UHR → Transfer in Arbeitsumgebung
16.15 UHR → I like, I wish
16.30 UHR → Ende

Dann das Problem lösen ...

VI

TEAM

TEAM

> „CREATING NEW, VALUE-ADDED IDEAS IS WHAT TEAMS DO BEST."
>
> MARK MILLER

Ein wichtiger Bestandteil unserer Design Thinking Workshops ist die intensive Teamarbeit. Wir legen viel Wert auf heterogene Teamkonstellationen. Dies ermöglicht Teams viele verschiedenen Perspektiven und Expertisen für eine breitere Sicht auf die Design Challenge und verschiedene Teamstärken. Als wichtiges Element von Design Thinking betonen wir die Zusammenarbeit in Projekten über Unternehmenssilos hinweg. Teams sollen also schon von Anfang an aus verschiedenen Unternehmensabteilungen, z.B. Marketing, Finanzen, HR, an Projekten zusammenarbeiten, um so wichtige Aspekte und Denkweisen von Anfang an miteinzubeziehen. Anders als wenn man entlang einer Wertschöpfungskette (Wasserfall-Prinzip) arbeitet, wo beispielsweise zunächst HR ein Konzept erstellt, die Finanzabteilung den Entwurf dann gegenrechnet und zum Schluss im Marketing festgestellt wird, dass die Idee gar keine Zielgruppe adressiert.

Aus der Teamforschung (Input-Prozess-Output-Modell) ist zudem bekannt, dass Prozessfaktoren mehr Einfluss auf das Ergebnis der Teams haben als Inputfaktoren (wie Teamkomposition oder Formulierung der Challenge bzw. des Design Briefs). Mit Prozessvariablen ist zum Beispiel gemeint, wie das Team kommuniziert, wie es geleitet oder gemanagt wird („Leadership"), oder die psychologische Sicherheit. Psychologische Sicherheit wurde zum Beispiel in der großangelegten Teamstudie von Google (Rozovsky, 2015) als die wichtigste Variable für erfolgreiche Teamarbeit identifiziert. Wie der Name schon sagt, bezeichnet „psychologische Sicherheit" ein Gefühl der Sicherheit im Team, dass man beispielsweise von anderen Teammitgliedern (oder dem Manager) nicht bloßgestellt oder bestraft wird, wenn man seine Gedanken und Ideen frei äußert (Edmondson, 1999). Dies ist besonders wichtig, wenn wir es mit einer kreativen oder innovationsgetriebenen Arbeitsumgebung zu tun haben, da diese sich durch eine gewisse Unsicherheit und Unklarheit sowohl der Lösung als auch der Problemstellung selbst auszeichnen.

Im Design Thinking ist die bewusste Gestaltung der Arbeit im Team wichtiger Teil des Mindsets, um eine offene und kreativitätsfördernde Atmosphäre zu schaffen. Die gängigen Prinzipien, die wir auch in unseren Workshops kommunizieren, sind:

1 MÖGLICHST VISUELL ARBEITEN

2 AUF DEN IDEEN ANDERER AUFBAUEN

3 KRITIK UND BEWERTUNGEN ZURÜCKSTELLEN

4 WILDE, UNGEWÖHNLICHE IDEEN ERLAUBEN

5 NUTZERZENTRIERT DENKEN

6 VOLLE AUFMERKSAMKEIT FÜR DEN SPRECHENDEN, KEINE PARALLELGESPRÄCHE

TEAM CHECK-IN & CHECK-OUT

TEAM CHECK-IN

Eine wichtige Rolle für gemeinschaftliches Arbeiten bilden Rituale (z.B. Ozenc & Hagan, 2018). So ist es zu Beginn einer Team- oder Projektarbeit erst einmal wichtig, sich Zeit zu nehmen, um anzukommen (Edmondson & Harvey, 2018). Eine gute Basis für eine unvoreingenommene Zusammenarbeit und Teamatmosphäre wird geschaffen durch Zeit für gegenseitiges Kennenlernen. Die Teammitglieder können sich beispielsweise darüber austauschen, was jedem einzelnen durch den Kopf geht, aus welchem Bereich sie kommen, womit sie sich sonst noch privat oder beruflich befassen und welche Erwartungen sie mitbringen.

Es ist wichtig, dass jedes Teammitglied zu Wort kommt (Aufgabe des Coaches bzw. Workshopleiters!), auch wenn dazu manche mehr und manche weniger beitragen werden. In manchen und besonders bei größeren Teams können Post-its Abhilfe leisten (ein Post-it pro Person pro Kategorie, siehe Bild). Die Check-in-Runde ist besonders effektiv, wenn sie – nach einer anfänglich ausführlicheren Session – kurz zu Beginn jedes gemeinsamen Arbeitstages durchgeführt wird. Somit wird ein ritueller Rahmen für ein alltägliches Ankommen im Team geschaffen und das regelmäßige Teilen des individuellen Gefühlsstatus normalisiert. In jedem Fall sollte ein klarer zeitlicher Rahmen für die Check-in-Runde gesteckt werden.

Mögliche Fragen (je nachdem, ob sich die Teilnehmer kennen, es der Projektstart ist oder das Team bereits lange zusammenarbeitet):

- Wie beschreiben Sie Ihren persönlichen Markenkern?
- Welche Erwartungen haben Sie an den Tag/die Zusammenarbeit/das Team?
- Was bringen Sie für das Team mit? Was ist Ihre Teamstärke? Was ist Ihre Teamschwäche?
- Wie geht es Ihnen heute? Was wollen Sie mit dem Team teilen, was wichtig ist für die anstehende Zusammenarbeit?
- Welches Thema treibt Sie zurzeit privat/beruflich besonders um?
- Wer war Ihr Superheld in Ihrer Kindheit?
- Was war Ihr Berufswunsch als Kind?
- Welches Tier repräsentiert Sie am besten. Erstellen Sie eine Zeichnung und erklären Sie den Bezug dann Ihren Teammitgliedern.

Beispiel einer Team-Check-in-Runde

TEAM CHECK-OUT

Am Ende einer gemeinsamen Arbeitseinheit, sozusagen zum Abrunden der Teamarbeit, bietet sich eine kurze Check-out-Runde an. Um zu vermeiden, dass das Team aus mangelnder Zeit und generell niedrigem Energieniveau am Ende darauf verzichtet, sollte das Team Check-out schon zu Beginn des Treffens als fester Tagespunkt in die Agenda verankert werden.

Das Check-out dient dazu jedem Teammitglied die Möglichkeit zu geben, im Team Gedanken loszuwerden, zum Tag an sich, zum eigenen Gefühlszustand oder Gemütszustand sowie um Zufriedenheit oder Unmut in der Zusammenarbeit anzusprechen.

Dafür eignen sich beispielsweise die nachstehenden Fragen oder je nach Bedarf des Teams eine ausführlichere Runde „Ich mag ..., ich wünsche mir ...“ (siehe Folgeabschnitt).

Mögliche Fragen:

- Was geht Ihnen noch durch den Kopf und wollen Sie den anderen mitteilen, bevor wir heute auseinander gehen?
- Ein Satz pro Person, was halten Sie heute von der gemeinsamen inhaltlichen Arbeit? Ein Satz, was halten Sie von der gemeinsamen Teamarbeit heute?
- Was hat heute im Team gut geklappt? Was würden Sie sich für das nächste Mal wünschen, was besser klappen könnte?
- Woran denken Sie gerade? Zwei Sätze pro Teammitglied.

TEAM FEEDBACK ICH MAG ..., ICH WÜNSCHE MIR ...

Als Methode für das Team Feedback verwenden wir gerne das Tool „Ich mag ..., ich wünsche mir ..." (im Englischen bekannt als „I like, I wish"). Die Anwendung kann sowohl am Ende der Zusammenarbeit als auch bei längerer Projektzusammenarbeit (mehrfach) zwischendurch sinnvoll sein.

Das Vorgehen ähnelt einer 360°-Feedbackrunde. Jeder schreibt für jedes Teammitglied auf je ein Post-it:

ICH MAG
was an ihr/ihm man besonders mochte, wie sie/er dem Team besonders half

ICH WÜNSCHE MIR
wovon er/sie in Zukunft mehr zeigen könnte, worin sich er/sie verbessern könnte für eine gute Zusammenarbeit

Dieses Tool verwenden wir zudem gerne für eine allgemeine Workshop-Reflektion (siehe Kapitel Agendabeispiele). Der Coach bzw. die Workshop-Leitung erhält so ein Meinungsbild aller Teilnehmer über die Zufriedenheit des Workshop-Formats. Dort ergänzen wir es mit einer dritten Kategorie, „Ich werde in Zukunft ... machen".

WICHTIGE TIPPS

Feedback ist ein Geschenk!
Jemand anders macht sich Mühe und nimmt sich Zeit, einem den Spiegel vorzuhalten: So kommen wir bei unserem Gegenüber an. Wer gerade Feedback erhält, hört zu und bedankt sich ohne dabei in den Verteidigungs-, Erklär- oder Argumentiermodus zu gehen!

Sich selbst Feedback schreiben!
Um das Selbst- und das Fremdbild zusammenzubringen, sollte auch jeder für sich selbst Feedback aufschreiben. Dabei sollen Selbstverliebte auch selbstkritisch sein und Schwarzseher Selbstlob aussprechen.

https://ilikeiwish.org/

Team Feedback

TEAMROLLEN

Besonders wenn ein Team über einen längeren Zeitraum zusammenarbeitet, bietet es sich an für die kreative Teamarbeit Rollen zu verteilen. Diese können je nach Belieben auch bei jedem Treffen neu verteilt werden. Wir vergeben in unseren Workshops gerne diese Rollen:

- **Lead:** Aussagen zusammenfassen, und
  - wenn das Team zu weit vom Thema abkommt: zurückführen,
  - wenn das Team unkonzentriert wird: an Pausen erinnern.
- **Space:** den Arbeitsbereich vorbereiten, nach dem Treffen und zwischendurch immer wieder aufräumen, dass eine gute, kreative Arbeitsatmosphäre gegeben ist.
- **Dokumentation:** nach dem Treffen die wichtigen Inhalte und Arbeitsschritte dokumentieren und zusammenfassen.
- **Time-Keeper:** darauf achten, dass das Team noch im veranschlagten Zeitrahmen bleibt, Teammitglieder daran erinnern, wie viel Zeit für den Arbeitsschritt noch angedacht ist und die Stoppuhr für jeden Arbeitsschritt neu stellen.
- **Motivator:** erkennt, wenn die Energie im Team schwindet, motiviert das Team z.B. neue Brainstorming-Methoden während der Ideenfindung auszuprobieren oder schlägt Warm-ups vor, um kurz aus der Teamarbeit rauszugehen und wieder mit vollem Elan weiterzumachen.

Workshop Beispiel: Verwendung von Teamrollen auf Post-its zum Ankleben

TEAM KONFLIKT

Die genannten Interventionen (Team Check-in, Team Check-out, Team Feedback, Teamrollen) dienen auch dazu, eine gute Stimmung und Atmosphäre im Team zu schaffen, um idealerweise mögliche Teamkonflikte vorzubeugen beziehungsweise bereits eine rituelle Basis für die Äußerung und Bewältigung dieser Konflikte zu schaffen.

Wie sich Konflikte auf den Erfolg der Teamarbeit auswirken, hat erst einmal viel mit ihrer Art zu tun. In der Forschung wird zwischen drei Arten von Teamkonflikt unterschieden: Beziehungskonflikt, Aufgabenkonflikt, und Prozesskonflikt (im Englischen: relationship conflict, task conflict, und process conflict; Jehn, 1995). Nicht alle Konflikttypen haben dabei einen negativen Einfluss auf Teamergebnisse. Beziehungskonflikte – Konflikte, die auf Beziehungs- und Persönlichkeitsebene entstehen und verhandelt werden – sowie Prozesskonflikte – Konflikte über das weitere Vorgehen oder die Arbeitsverteilung – nehmen nachgewiesen negativen Einfluss auf Teamergebnisse. Aufgabenkonflikte können sich dagegen entweder begünstigend oder negativ auf die Teamarbeit auswirken (Kurtzberg & Amabile, 2001).

Denn Konflikte in Teams sind nicht nur erwartbar und vollkommen normal, sondern gerade, wenn man auf ein möglichst kreatives Ergebnis zielt, mitunter sogar notwendig. Anders wird es schwer, auf möglichst divergente, also unterschiedliche und diverse, Ideen und Lösungen zu kommen. Zu viel Harmonie und das konstante Meiden von Konflikten sind somit einer kreativen Teamarbeit sogar eher abträglich. Die Frage ist vor allem, wie häufig und wann diese Konflikte auftreten und wie sie dann vom Team gemanagt werden (Farh & Farh, 2010). So sieht beispielsweise das populäre Teamentwicklungsmodell von Tuckman (1965) explizit eine frühe, konfliktreiche „Storming"-Phase vor der eigentlichen „Performing"-Phase, vermittelt über eine dazwischenliegende „Norming"-Phase, vor. Beim „Norming" wiederum können existierende Rituale und bereits vorhandene psychologische Sicherheit helfen (Fairchild & Hunter, 2014).

In Bezug auf Design Thinking können Meinungsunterschiede inhaltlicher Natur daher besonders in den divergenten Phasen hilfreich sein, um verschiedene Möglichkeitsfelder aufzudecken und möglichst „breit" oder „lateral" (De Bono, 1970) zu denken.
Sie können aber auch ein Zeichen dafür sein, dass das Team noch kein gemeinsames Verständnis über das Ergebnis des letzten Arbeitsschrittes erlangt bzw. nicht dieselbe Vorstellung des Zieles der Phase oder des Projektes hat.

Wie bereits erwähnt, hilft es, Aufgabenkonflikte früh zu erkennen und sie auch als solche zu behandeln und als Ressource zu nutzen. Ansonsten können sie schnell in – der Teamarbeit und dem Ergebnis abträglichen – Beziehungskonflikten münden.

Google Studie zu „psychological safety": https://www.nytimes.com/2016/02/28/magazine/what-google-learned-from-its-quest-to-build-the-perfect-team.html

VII

ONLINE WORKSHOPS

ONLINE WORKSHOPS CO-KREATIV GESTALTEN

Die co-kreative Interaktion in digitalen Design Thinking Workshops begleitet uns seit ein paar Jahren. Meistens sind es synchrone Online-Videotreffen oder hybride Formen mit einigen Teilnehmenden in Präsenz und anderen digital hinzugeschaltet. Darüber hinaus nutzen wir auch asynchrone digitale Formen zur Unterstützung der co-kreativen Zusammenarbeit, wie beispielsweise gemeinsame Plattformen, Boards oder (Lern-)Videos für die Vorbereitung der nächsten Interaktion im Team. Als Inspirationsquelle und zur Öffnung des Reflexionsraums fassen wir unsere Methoden und Tools für die digitale Arbeit mit Design Thinking hier zusammen.

Anhaltspunkte für die Konzeption digitaler Design Thinking Workshops

- **Mehr Zeit für Ideenfindungs- und Lösungsprozesse:** Für die Bearbeitung von Teamaufgaben benötigen Teilnehmende digitaler Formate mehr Zeit im Vergleich zu Präsenzveranstaltungen. Gerade die kollaborativen Ideenfindungs- und Problemlösungsprozesse an den digitalen Whiteboards benötigen im virtuellen Raum einige Minuten Vorbereitungszeit für die technische Unterstützung und die nicht ganz so spontanen Teamfindungsprozesse (Moderation, Dokumentation, Zeitmanagement, wer spricht wann ...). Ein Zeitpuffer im geplanten Ablauf ist hilfreich, um

mit Überraschungen bei der Durchführung des Online Workshops, z.B. durch technische Herausforderungen, umzugehen.

- **Präzise Angaben, Visualisierung und Vorbereitung für ein besseres Verständnis:** Präzise Angaben und Anschaulichkeit sind für die Teilnehmenden in den Online Workshops von besonderer Bedeutung. Moderierende können mithilfe einer Chatfunktion die wichtigsten Aussagen, z.B. das Ziel einer Phase und die Reihenfolge der anzuwendenden Methoden, festhalten. Zudem können kurze Erklärvideos, die zur Vorbereitung der Online Workshops bereitgestellt werden, z.B. über die einzelnen Techniken und Methoden im Design Thinking, zu einem verbesserten Verständnis beitragen.

- **Aktivierung für Energie im virtuellen Raum:** Online Workshops ermüden die Teilnehmenden schneller als Präsenzformate. Virtuelle Formate sind deshalb mit Blick auf die Gesamtdauer kürzer einzusetzen und brauchen öfter kleine Pausen zur Aktivierung. Ebenso hilfreich, um aktiv am Thema zu bleiben, ist der Wechsel zwischen Input, Teamarbeit, Reflexionszeit und moderierter/strukturierter Diskussion in der großen Gruppe. Der Wechsel zwischen den Formaten benötigt beim ersten Online Workshop im virtuellen Raum in der Regel mehr Zeit als in Präsenzformaten, da sich die Teilnehmenden neben dem Kreativprozess auch technisch zurechtfinden müssen.

- **Kleinschrittige Arbeitsprozesse gegen Ablenkung:** In virtuellen Treffen ist die Ablenkung anders als in Präsenzveranstaltungen viel höher und der unmittelbare persönliche Kontakt zwischen den Teilnehmenden fehlt. Es ist deshalb hilfreich, den Arbeitsprozess in kleinen Schritten (z.B. zehn Minuten für einen Input und dann 20 Minuten für eine konkrete Aufgabe), abwechslungsreich und mit visualisierten Aufgabenstellungen (z.B. auf einem Online-Board oder in einem Dokument) zu gestalten. Wenn Sie den Arbeitsprozess geplant haben, empfiehlt es sich, diesen im Moderationsteam im virtuellen Raum zu testen.

- **Selbstmoderierte Teamtreffen für Kreativität anregen:** Für den Kreativprozess ist es von Vorteil, die Online Workshops in der großen Gruppe durch kleinere, selbst moderierte Teamtreffen zu ergänzen. Sie unterstützen die soziale Einbindung, ermöglichen Austausch und bieten Möglichkeiten zum direkten Feedback.

CO-KREATIV GESTALTEN

- **Technische Vorbereitung für einen guten Start:** Damit die Teilnehmenden sich vor dem Workshop mit den Inhalten, Methoden und der Technik vertraut machen können, ist es hilfreich, neben der Agenda auch die technischen Zugänge, ggf. Vorbereitungsmaterial wie z.B. Videos zu ausgewählten Design Thinking Methoden, mit der Workshop-Einladung zu versenden. Eine Ansprechperson für die technische Unterstützung kann bereits vor dem ersten virtuellen Treffen einen Technik-Check anbieten.

Anhaltspunkte für die Moderation digitaler Design Thinking Workshops

- **Rollenverteilung für einen reibungslosen Ablauf:**
Für die Moderation von Online Design Thinking Workshops hat es sich sehr bewährt, Rollen zu verteilen: eine Moderation für den Arbeits- und Kreativprozess (mit Aufgabenstellungen, Diskussionen) und eine Co-Moderation für die Beantwortung von Fragen im Chat, das Teilen von Dokumenten, die Zusammenfassung von Ergebnissen sowie ein technischer Host für den reibungslosen technischen Ablauf durch Erreichbarkeit über mehrere Kanäle im Hintergrund (z.B. für Themen wie Ton oder Bild funktionieren nicht, Einwahl ist nicht möglich ...).

- **Warm-ups für eine sichere Atmosphäre:**
Um eine sichere Atmosphäre im virtuellen Raum zu schaffen sowie Vertrauen und Beziehungen aufzubauen, ist es hilfreich, die Teilnehmenden zu Beginn des ersten digitalen Workshops zu einer ersten informellen, spielerischen Aktivierung einzuladen (siehe Kapitel V „Team"). So können alle im virtuellen Raum ankommen und mögliche technische Hürden überwinden. Zur Anregung für weitere Check-in-Ideen und Warm-ups empfehlen wir diese Toolboxen:

https://www.workshop-spiele.de/online-warm-up-finder
http://toolbox.hyperisland.com
https://mural.co/blog/online-warm-ups-energizers#warm-up

- **Klärung technischer Funktionen und Erwartungen für Kollaboration:**
  Zu Beginn des ersten Online Workshops hilft es den Teilnehmenden, wenn Sie neben Ziel und Agenda des Treffens auch die technischen Funktionen und Erwartungen der Teilnehmenden untereinander erklären (z.B. wie sie sich melden und mit anderen (direkt) kommunizieren können, wie Mikrofone und ggf. Videos stummgeschaltet werden können, Chat-Etikette, Kollaboration außerhalb des Online Workshops ...).

- **Mindset im Moderationsteam für Flexibilität:**
  Für die gesamte Moderation empfehlen wir, eine flexible Haltung einzunehmen, denn mit Überraschungen ist meistens zu rechnen (z.B. eine Tandem-Übung funktioniert nicht, weil plötzlich eine Person aufgrund technischer Schwierigkeiten ausfällt).

Digitale Tools für die inhaltliche Arbeit nutzen

In den Design Thinking Workshops im Präsenzformat arbeiten wir von der ersten Phase des Verstehens an mit „Boards" (Whiteboards, Flipcharts, Stellwänden, Freiflächen wie Fenster, Wände ...), um Inhalte und Ideen zu sortieren und zu strukturieren. Für das kollaborative Arbeiten im virtuellen Raum bieten sich Online Boards (z.B. Mural, Miro, Conceptboard) an. Hier können Post-its (Karten) geschrieben und verschoben werden. Darüber hinaus ist es auch möglich, Fotos, Videos oder Links auf einem solchen Boardtool zu platzieren und so z.B. ein Moodboard für eine Persona gemeinsam und zeitgleich zu erstellen. Wir Autorinnen bereiten diese Boards mit Templates für die einzelnen Design Thinking Methoden vor, sodass die Teilnehmenden schnell ins Tun kommen. Das heißt, die Strukturen, die wir für die Methoden in den einzelnen Phasen in diesem Buch anbieten, bilden wir als Rahmen auf den Boards ab.

Darüber hinaus verwenden wir die Boardtools für eine dynamische und dauerhafte Ergebnisdokumentation, indem wir alle Iterationen einer Challenge sowohl kollaborativ als auch einzeln und zeitversetzt auf einem Board festhalten.

Weiterführende Literatur: 20 Best Online Tools for Design Thinking:
https://www.sessionlab.com/blog/design-thinking-online-tools

Beispiel für ein vorbereitetes Board zum Check-in in einen Online Workshop an der Hochschule Biberach

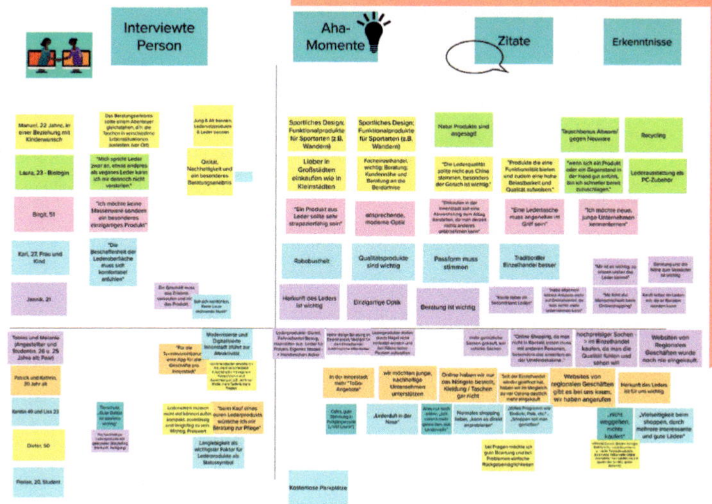

Beispiel für ein vorstrukturiertes Storytellingboard aus einem Online Workshop an der Hochschule Biberach

DESIGN THINKING IM WANDEL

VIII

DESIGN THINKING IM WANDEL

Als wir dieses Buch 2017 verfassten, hatten wir ein klares Ziel vor Augen: der Leserschaft zu helfen, Design Thinking in ihrem Alltag anzuwenden. Dieses Workbook sollte Menschen helfen, die anfänglichen Hürden bei der Anwendung von Design Thinking in Workshops mühelos zu überwinden.

Eine Anleitung für das sichere Navigieren unter Ungewissheit

Seitdem ist eine Menge passiert. Die Corona-Pandemie hat uns alle in eine virtuelle Realität des digitalen Wandels katapultiert, die gesellschaftlichen Rahmenbedingungen werden zunehmend infrage gestellt, das weltwirtschaftliche Gefüge sortiert sich neu und beendet geglaubte geopolitische Konflikte sind neu aufgeflammt. Menschen auf eine digitalisierte Welt vorzubereiten, bedeutet nicht, dass alle programmieren können müssen. Es bedeutet, dass die Fähigkeit, einmalige Aufgabenstellungen zu lösen, an Bedeutung gewinnen wird. Dafür braucht es kreative Problemlösungskompetenzen.
Der Transformationsexperte Wolf Lotter (2018, S. 75) formuliert es so:

„REGELSYSTEME, OB VON MENSCHEN ODER MASCHINEN ABGEARBEITET, SIND GUT, WENN ROUTINEN ALS PROBLEMLÖSER ERWÜNSCHT SIND. DOCH BEI ÜBERRASCHUNGEN UND UNKLARHEITEN REICHEN AUTONOME SYSTEME NICHT MEHR AUS, AUCH NICHT DIE, DIE MAN KÜNSTLICH INTELLIGENT GLAUBT. ‚AUTONOMES DENKEN' IST WICHTIGER ALS AUTONOME SYSTEME."

WOLF LOTTER

Kreative Problemlösungskompetenzen, auch Zukunftskompetenzen oder Future Skills genannt, sind Fähigkeiten und Qualitäten, die in einer sich ständig verändernden Welt zunehmend an Bedeutung gewinnen. Design Thinking zählt zu den Future Skills als eine Denk- und Vorgehensweise, die besonders für Situationen geeignet ist, in denen es keine klaren Lösungswege gibt und in denen die Ungewissheit groß ist.

Durch den iterativen Ansatz von Design Thinking können Teams oder Einzelpersonen besser mit dieser Unsicherheit umgehen und innovative Lösungen entwickeln.

Der Bildungsforscher Ulf-Daniel Ehlers (2022) beschreibt Design Thinking als ein eigenständiges Future Skill:

„... DESIGN THINKING-KOMPETENZ UMFASST DIE FÄHIGKEIT, KONKRETE METHODEN EINZUSETZEN, UM ERGEBNISOFFEN IN BEZUG AUF GEGEBENE PROBLEM- UND THEMENSTELLUNGEN KREATIVE ENTWICKLUNGSPROZESSE DURCHZUFÜHREN UND DABEI ALLE STAKEHOLDER IN EINEN GEMEINSAMEN PROZESS ZUM PROBLEM- UND LÖSUNGSDESIGN MIT EINZUBEZIEHEN."

ULF-DANIEL EHLERS

So verwundert es nicht, dass sich Design Thinking von der kundenzentrierten Produktentwicklung weiterentwickelt hat. Es wird mittlerweile als gemeinsame Vorgehensweise für Teams im Unternehmensalltag bis hin zur Vorgehensweise für die Moderation von Strategie- und Klausurtagungen genutzt.

DESIGN-THINKING-SZENARIEN

In den nachfolgenden Szenarien beschreiben wir dies anhand unserer Erfahrungen mit Organisationen, Teams und Einzelpersonen.

Wir nehmen wahr, dass Design Thinking mittlerweile als Standard-Vorgehensweise in den unterschiedlichsten Szenarien genutzt wird:

A. Design Thinking in Workshops
B. Design Thinking als gemeinsame Basis für die Zusammenarbeit
C. Design Thinking in Projekten
   a) Der „Staffellauf"
   b) Der „Loop"
D. Design Thinking als Werkzeugbox
E. Design Thinking als individueller Arbeitsstil

A. Design Thinking in Workshops

Design Thinking in Workshops bietet einen praktischen Start für gemeinsame Projekte, fördert die Fokussierung und Ausrichtung auf gemeinsame Ziele. Die strukturierten Phasen geben dabei eine klare zeitliche Struktur vor, während die ausgewählten Methoden ermöglichen, die verschiedenen Kompetenzen und das Wissen der Teilnehmenden optimal zu integrieren. Komplett durchlaufene Design Thinking Loops liefern stets Ergebnisse wie Ideen, Prototypen oder Konzepte, die als Ausgangspunkt für weitere Aktivitäten dienen können.

„Mit Design Thinking Workshops tauchen wir in eine Welt ein, in der wir bisher unbeantwortete Fragen aufspüren und lösen können. Besonders die Verwendung von Personavorlagen hat unseren Sinn fürs Zuhören und Beobachten im Alltag auf ein neues Level gehoben. Jetzt sind wir viel empfänglicher für die subtilen Signale, die unser Gegenüber uns sendet, sei es durch Worte oder Handlungen. Und wir fangen an, unsere eigenen Confirmation-Bias zu hinterfragen!"
Scrum Master, IT-Unternehmen

B. Design Thinking als gemeinsame Basis für die Zusammenarbeit

Damit Teams weitgehend autonom arbeiten können, müssen sie sich kontinuierlich folgende Fragen stellen:

- Was ist der wahre Kern unserer gemeinsamen Aufgabe?
- Welche Kundenbedürfnisse und Stakeholder-Interessen sind relevant?
- Wie können wir unsere Zusammenarbeit effektiv organisieren und regelmäßig überprüfen?

Design Thinking kann genutzt werden, um die Grundlagen für eine gemeinsame Landkarte des Teams zu schaffen, innerhalb derer sich das Team bewegt. Die „gemeinsame Basis", in der Wissen und Kompetenzen im Team gebündelt werden.

Design Thinking endet nicht, wenn man nicht im Rahmen eines Workshops oder Projekts ist. Das „Beobachten" im Sinne einer geschärften Wahrnehmung läuft immer nebenher und wird im Team und für die Einzelpersonen zum dauerhaften Zustand, wie ein Grundrauschen oder eine Gewohnheit: Beobachtungen erweitern permanent die gemeinsame Basis.

„In meinen Meetings habe ich mittlerweile eine neue Methode etabliert: Jeder Teilnehmer notiert zunächst seine Gedanken auf Post-Its, die wir dann gemeinsam an einer Tafel sammeln. Anschließend suchen wir gemeinsam nach den Schwerpunkten. Man könnte es mit einer Choreographie des Denkens vergleichen, bei der jeder seine Ideen auf die Bühne bringen kann."
Leiterin Organisationsentwicklung, Unternehmen im öffentlichen Dienst

C. Design Thinking in Projekten

a) **Der „Staffellauf": Arbeitsteilige Abarbeitung der Design-Thinking-Phasen**
Dieser Ansatz nutzt die Design-Thinking-Phasen sequenziell. Sie werden jeweils in einem vorher festgelegten Zeitrahmen abgearbeitet. Hierbei wird der Produktwunsch vom Kunden initiiert und durchläuft verschiedene Stationen, beginnend beim Vertrieb, der ihn konkretisiert und weiter an das Produktmanagement übergibt. Nach umfangreicher Recherche wird der Wunsch zur Entwicklung weitergereicht, die konzeptionellen Lösungen ausgearbeitet. Schließlich erfolgt die Rückführung des Ergebnisses zum Kunden durch den Vertrieb, um Feedback einzuholen und die Umsetzung voranzutreiben. Fast wie bei einem Staffellauf.

Anmerkung: Wir empfehlen diese Vorgehensweise nicht. Trotzdem ist sie so oder in ähnlicher Weise gängige Praxis in vielen Organisationen und deren Innovationsprozessen.

b) **Der „Loop": Iteration in interdisziplinärem Team**
Beim zweiten Ansatz handelt es sich um einen iterativen Prozess, der auf kontinuierlichem Austausch und Zusammenarbeit basiert. Ein interdisziplinäres Kernteam begleitet den Kunden von Anfang an und durchläuft gemeinsam mehrere Zyklen der Exploration und Lösungsfindung. Dabei werden Ideen generiert, bewertet und weiterentwickelt, wobei ständig Rückmeldungen eingeholt und berücksichtigt werden. Der Fokus liegt auf einer dynamischen Anpassung an die Bedürfnisse des Kunden und einer kontinuierlichen Optimierung des Lösungswegs.

D. Design Thinking als Werkzeugbox

Nicht immer muss der gesamte Zyklus durchlaufen werden. Stattdessen wählen wir gelegentlich einzelne Methoden aus, um gezielt auf bestimmte Herausforderungen einzugehen.
In Meetings können beträchtliche Vorteile erzielt werden, insbesondere wenn Organisatoren im Vorfeld eine Bestandsaufnahme durchführen:

- Was ist das übergeordnete Ziel des Meetings?
- In welcher Phase des Design Thinking befinden sich die Teilnehmenden?
- Welche Methoden des Design Thinking Loops sind für diese Phase geeignet?

E. Design Thinking als individueller Arbeitsstil
Dies ermöglicht, Aufgabenstellungen im beruflichen oder privaten Umfeld strukturiert und gleichzeitig kreativ zu lösen. Wenn wir mit erfahrenen und erfolgreichen Unternehmerinnen und Unternehmern über Design Thinking sprechen, hören wir oft den Satz: „Das mache ich intuitiv schon jahrelang genau so." Dieses „Machen" wird im Design Thinking durch die Nutzung der Phasen sichtbar gemacht und ermöglicht so eine kritische Reflexion und Weiterentwicklung der eigenen Problemlösungskompetenz.

Design Thinking ist ein äußerst flexibler Ansatz. Die Kombination einer bewährten Vorgehensweise mit einer Vielfalt von Methoden ermöglicht es Organisationen und Einzelpersonen, sich dynamisch an verschiedene Herausforderungen anzupassen. Insgesamt bestätigt die Diskussion die Wirksamkeit von Design Thinking als wertvolles Instrument zur Problemlösung und Transformation.

„Design Thinking hat mir als Führungskraft gezeigt, wie wichtig es ist, auf die Stärken meines Teams zu vertrauen. Ich habe gelernt, meine eigenen Ideen zurückzustellen und den Ideen anderer Raum zu geben. Diese Veränderung hat nicht nur meine Last erleichtert, sondern auch die Leistungsfähigkeit unseres Teams gesteigert. Denn wahre Wertschätzung bedeutet auch, Verantwortung zu teilen."
Geschäftsführer, Spieleentwicklung

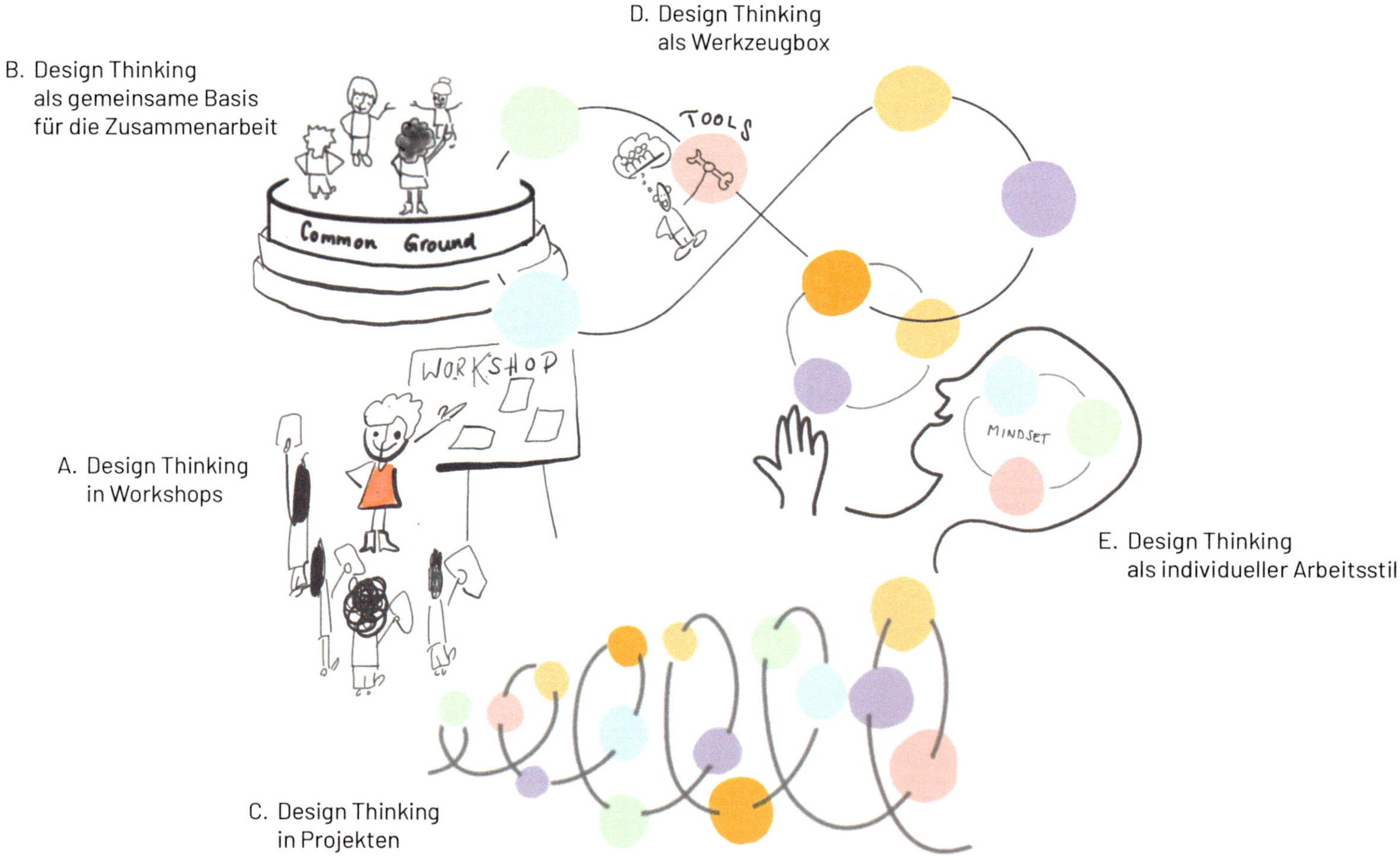
B. Design Thinking als gemeinsame Basis für die Zusammenarbeit
Common Ground
D. Design Thinking als Werkzeugbox
TOOLS
WORKSHOP
A. Design Thinking in Workshops
MINDSET
E. Design Thinking als individueller Arbeitsstil
C. Design Thinking in Projekten

Weiterführende Literatur:
Praxisbeispiele für Projekte und Kulturwandel: https://thisisdesignthinking.net; **Schweitzer et al. (2023):** Transform with Design: Creating New Innovation Capabilities with Design Thinking • **Design Thinking messbar machen:** https://go.codify.in/DTmeasureseries

IX

LITERATUR VERZEICHNIS

LITERATURVERZEICHNIS

Print

- Adenauer, J. & Petruschat, J. (2012): Prototype! physical, virtual, hybrid, smart tackling new challenges in design and engineering. Berlin: form + zweck.
- Barker, L. & Watson, K. (2000): Listen Up: How to Improve Relationships, Reduce Stress, and Be More Productive by Using the Power of Listening. New York: St. Martin's Press.
- Bland, D. J., & Osterwalder, A. (2019): Testing business ideas: A field guide for rapid experimentation (Vol. 3). Hoboken, New Jersey: John Wiley & Sons.
- Csikszentmihalyi, M. (2015): Flow und Kreativität. 2. Auflage. Stuttgart: Klett-Cotta.
- Curedale, R. (2013): 50 Brainstorming Methods: For team and individual ideation. Topanga: Design Community College Inc.
- De Bono, E., & Zimbalist, E. (1970). Lateral thinking (pp. 1–32). London, UK: Penguin.
- Edmondson, A. (1999). Psychological safety and learning behavior in work teams. Administrative science quarterly, 44(2), S. 350–383.
- Ehlers, U. D. (2022): Future Skills im Vergleich: https://nextskills.org/wp-content/uploads/2022/05/2022-01-Future-Skills-Bildungsforschung_final_Vs_2.pdf
- Fairchild, J., & Hunter, S. T. (2014). „We've got creative differences": The effects of task conflict and participative safety on team creative performance. Journal of Creative Behavior, 48(1), S. 64–87.
- Farh, J.-L., Lee, C., & Farh, C. I. C. (2010). Task conflict and team creativity: A question of how much and when. Journal of Applied Psychology, 95(6), S. 1173–1180.

- Fitzpatrick, R. (2013): The Mom Test: How to talk to customers & learn if your business is a good idea when everyone is lying to you. Robfitz Ltd.
- Gumienny, R., Lindberg, T., & Meinel, C. (2011): Exploring the synthesis of information in design processesopening the black-box. In DS 68-6: Proceedings of the 18th International Conference on Engineering Design (ICED 11), Impacting Society through Engineering Design, Vol. 6: Design Information and Knowledge, Lyngby/Copenhagen, Denmark, 15.–19.08.2011.
- HPI-Stanford Design Thinking Research Program (2013): Design Thinking Prototyping Cardset. Potsdam: Hasso Plattner Institut für Softwaresystemtechnik.
- Jehn, K. A. (1995). A multimethod examination of the benefits and detriments of intragroup conflict. Administrative science quarterly, S. 256–282.
- Klement, A. (2016): When Coffee and Kale compete. New York: NYC Publishing.
- Kelley, T./Kelley, D. (2013): Kreative Confidence. New York: Crown Business.
- Kolko, J. (2010): Abductive thinking and sensemaking: The drivers of design synthesis. Design Issues, 26(1), S. 17.
- Kolko, J. (2011): Exposing the Magic of Design: A Practitioner's Guide to the Methods and Theory of Synthesis. Oxford: Oxford University Press.
- Kurtzberg, T. R., & Amabile, T. M. (2001). From Guilford to creative synergy: Opening the black box of team-level creativity. Creativity Research Journal, 13(3-4), S. 285–294.
- Lewrick, M., Link, P. & Leifer, L. (2017): Das Design Thinking Playbook. München: Vahlen.
- Liedtka, J. (2018): Why Design Thinking Works. Harvard Business Review, September-October issue: S. 72–79.

- Lotter, W. (2018): Innovation – Streitschrift für barrierefreies Denken. Hamburg: Edition Körber.
- Mayer et al. (2020): Design Thinking Navigator: Kartenset zur kreativen Projektarbeit. München: Hanser.
- Menning, A. & Yasbay, M. (2015): The Idea Gym – training the design thinking muscle. Unpublished workshop guide.
- Nichols, R. G. & Stevens, L. A. (1957): Are you listening? New York: McGraw-Hill.
- Ozenc, F. K., & Hagan, M. (2018). Ritual design: Crafting team rituals for meaningful organizational change. Advances in Intelligent Systems and Computing, 585, S. 146–157.
- Robertson, A. (1994): Listen for Success: A Guide to Effective Listening. Burr Ridge: Irwin Professional Publishing.
- Schweitzer, J., BenMahmoud-Jouini, S. & Fixson, S. (Hg.) (2023): Transform with Design: Creating New Innovation Capabilities with Design Thinking. University of Toronto Press.
- Smith, K. (2008): How to Be an Explorer of the World: Portable Life Museum. New York: Penguin Books.
- Šáchová-Kleisli, A., & Walther, B. (2015). Job-to-be-done-Logik in der Praxis. Marketing Review St. Gallen, 32(1).
- Tuckman, B. W. (1965). Developmental sequence in small groups. Psychological bulletin, 63(6), S. 384.

Digital

- Anderson, A. et al. (2019), Onlinekurs: Basics of Design Testing: https://open.sap.com/courses/ut1-2
- Brainstorming-Poster: https://bit.ly/2Wj3ZOc

- Christensen, C.M. et al. (2016): Know Your Customers „Job to be Done". Harvard Business Review: https://hbr.org/2016/09/know-your-customers-jobs-to-be-done
- Cserti, R. (2019): 20 Best Online Tools for Design Thinking: https://www.sessionlab.com/blog/design-thinking-online-tools
- Eckert, T. (2016): Was kreative Menschen gemeinsam haben. Ze.tt: http://ze.tt/was-kreative-menschen-gemeinsam-haben/
- Gray, D. (2011): How-Now-Wow Matrix: http://gamestorming.com/how-now-wow-matrix/
- Gray, D. (2015): Draw Toast: http://gamestorming.com/draw-toast/
- Gruppenspiele für Präsenz Workshops (o.J.): https://www.workshop-spiele.de
- Hasso Plattner Institute (o.J.): This is Design Thinking: https://thisisdesignthinking.net
- HBR IdeaCast (2016): The "Jobs to be Done" Theory of Innovation. Harvard Business Review: https://hbr.org/ideacast/2016/12/the-jobs-to-be-done-theory-of-innovation
- Hyper Island (o.J.): Welcome to the Hyper Island toolbox: http://toolbox.hyperisland.com
- I like I wish (o.J.): https://ilikeiwish.org/
- Improv Encyclopedia (o.J.): Warm-up: http://improvencyclopedia.org/categories//Warm-up.html
- Jobs-to-be-done (#JTBD) – Ein neuer Blick auf Kundenbedürfnisse (o.J.): https://digitaleneuordnung.de/blog/jobs-to-be-done/
- Kegler, H.(2008): Ein Karren für alle. Deutsches Architektenblatt: https://www.dabonline.de/2008/02/01/ein-karren-fur-alle/

- Kelley, D. (o.J.): ohne Titel: https://www.designkit.org/mindsets/3.html
- Klement, A. (2013): Replacing The User Story With The Job Story: https://jtbd.info/replacing-the-user-story-with-the-job-story-af7cdee10c27
- Klement, A. (o.J.): Designing features using Job Stories: https://blog.intercom.com/using-job-stories-design-features-ui-ux/
- Liedtka, J. (2018): Why Design Thinking Works: https://hbr.org/2018/09/why-design-thinking-works
- Mayer, L., von Schmieden, K. & Taheri, M. (2019), Onlinekurs: Human-Centered Design: Building and Testing Prototypes: https://open.hpi.de/courses/prototype2019
- Protobot Warm Up (o.J.): https://protobot.org/
- Rauch, J. (2009): Die Wissenschaft vom Musenkuss. Bild der Wissenschaft: https://www.wissenschaft.de/umwelt-natur/die-wissenschaft-vom-musenkuss/
- Rozovsky, J. (2015): The five keys to a successful Google team: https://www.michigan.gov/-/media/Project/Websites/mdhhs/Folder4/Folder10/Folder3/Folder110/Folder2/Folder210/Folder1/Folder310/Google-and-Psychological-Safety.pdf?rev=7786b2b9ade041e78828f839eccc8b75
- Schmiedgen, J. (o.J.): Lean Experiment Menu. A 156 pages inspirational playbook full with lean experiments for training and project work: https://go.codify.in/leanexperimentdesign
- Schmiedgen, J. (2018): Measuring Design Thinking. How to evaluate design thinking activities in organizations — in a fair way: https://go.codify.in/DTmeasureseries
- Siebel, C. (2021): Online Warm-up Finder: https://www.workshop-spiele.de/online-warm-up-finder

- Silvers, D. (2014): Design Thinking Improv Games: https://designthinkingformuseums.net/2014/02/18/using-improv-games-3-of-3
- Taheri, M., von Schmieden, K. & Mayer, L. (2017), Onlinekurs: Inspirations for Design: A Course on Human-Centered Design: https://open.hpi.de/courses/insights-2017
- The dribbblisation of design (o.J.): https://www.intercom.com/blog/the-dribbblisation-of-design/
- Understanding the Job (2016): https://www.youtube.com/watch?time_continue=77&v=sfGtw2C95Ms
- Video Arts (2017): John Cleese on Creativity in Management: https://www.youtube.com/watch?v=Pb5oIIPO62g
- Von Alvensleben, L. (2022): 20+ online warm-ups & energizers to try with your team: https://mural.co/blog/online-warm-ups-energizers#warm-up
- Von Schmieden, K., Taheri, M. & Mayer, L. (2018), Onlinekurs: Human-Centered Design: From Synthesis to Creative Ideas: https://open.hpi.de/courses/ideas2018
- What Google Learned From Its Quest to Build the Perfect Team (2016): https://www.nytimes.com/2016/02/28/magazine/what-google-learned-from-its-quest-to-build-the-perfect-team.html
- 99U Local Dresden : Jan Schmiedgen (2015): https://vimeo.com/148199853

Zitate

- Friedrich Nietzsche in: Nietzsche, F. W. (2013): Menschliches, Allzumenschliches inklusive Menschliches, Allzumenschliches II. München: BookRix GmbH & Co. KG, S. 162.

- Isaac Newton in einem Brief an Robert Hooke, 5. Februar 1676; z.B. zitiert in Chen, C. (2013): Mapping Scientific Frontiers: The Quest for Knowledge Visualization. London: Springer, S. 163.
- Lothar Zenetti in: Zenetti, L. (1972): Texte der Zuversicht. Für den einzelnen und die Gemeinde. München: Pfeiffer.
- Maya Angelou, zitiert in: Kannings, A. (2014): Maya Angelou: Her Words. Morrisville: Lulu Press.
- Mark Miller (2012): https://thejanegroup.org/author/mark-miller/
- Sam Walton, zitiert in: Bergdahl, M. (2010): The 10 Rules of Sam Walton: Success Secrets for Remarkable Results. Hoboken: JohnWiley & Sons.
- Sara Blakely, zitiert in: Kim, L. (26. August 2014). 7 Insanely Rich Founders Share Their Best Business Advice. Business Insider: http://www.businessinsider.com/rich-entrepreneurs-best-business-advice-2014-8

X

ZU DEN AUTORINNEN

ZU DEN AUTORINNEN

Isabell, Lena und Inga haben sich im Rahmen von Design Thinking Weiterbildungen kennengelernt und führen seit 2017 auch gemeinsam moderierte Design Thinking Workshops durch.

DR. ISABELL OSANN

Isabell Osann begleitet seit über 15 Jahren Menschen und Organisationen bei deren Weiterentwicklung. Als Gastprofessorin baute sie 2016 an der Hochschule Biberach ein fakultätsübergreifend genutztes Design Thinking Labor auf und schuf die Basis für die zukunftsorientierte Lernarchitektur der Hochschule Biberach. In diesen innovativen Lehr- und Lernräumen schafft Isabell in der Rolle des agilen Lerncoachs neue Lernkulturen. Für ihre transferorientierte Lehre im Kontext Bildung für nachhaltige Entwicklung wurde Isabell vom Stifterverband und der Baden-Württemberg Stiftung ausgezeichnet. Ihr Forschungsinteresse gilt der Kreislaufwirtschaft.

Parallel gründete Isabell **Kompetenzaktivierung** und unterstützt Individuen und Organisationen in Innovations- und Entwicklungsfragen. Sie hat an der TU Berlin im Bereich Unternehmensführung promoviert und viele Jahre für eine internationale Wirtschaftsprüfungs- und Beratungsgesellschaft Organisationen verschiedenster Branchen in Transformationsprozessen beraten.

Foto: Anja Harnisch

LENA MAYER

Lena Mayer ist Organisationspsychologin und Innovation Coach. Ihre Coachings reichen von Design Thinking Teamsettings über Führungskräftetrainings bis hin zu psychologischen Einzelcoachings für berufliche Themen wie Teamdynamik, Leadership und Weiterentwicklung.

Neben der Praxis forscht Lena zum Innovationsverhalten von Mitarbeitenden in unsicheren Zeiten und lehrt regelmäßig gemeinsam mit Isabell Osann an der Hochschule Biberach (HBC). So verbindet sie ihr Interesse an Innovation und Psychologie und setzt in ihrer Arbeit auf die Verzahnung von Forschung und Praxis.
Im Rahmen des HPI-Stanford Design Thinking Research Programs entwickelte Lena gemeinsam mit Forschungskolleginnen Online-Kurse zum Thema Design Thinking. Weltweit haben sich insgesamt über 25.000 Interessierte eingeschrieben.

Als Alumna der HPI d-school leitet sie Workshops im industriellen und akademischen Kontext.

INGA WIELE

Inga Wiele ist Mitgründerin und Geschäftsführerin der Beratungsfirma **gezeitenraum** in St. Peter-Ording. Sie moderiert Teamworkshops und entwickelt mit ihren Kunden Strategien. In ihren Design Thinking und Führungskräftetrainings macht sie Zusammenarbeit und Führung erklärbar.

Außerdem ist Inga Gastgeberin des Podcasts „Leadershipkino – Führungsgeschichten". Mit ihren klugen Gästen spricht sie wöchentlich darüber, was wir aus Filmen und Serien über Zusammenarbeit und Führung lernen können. Design Thinking definiert sie als einen guten Weg für Teams, Zusammenarbeit und Führung durch klare Kommunikation, Zugewandtheit und kontinuierliches Lernen zu entfalten. Sie schätzt es als pragmatischen Standard für die Zusammenarbeit von diversen Projektteams bei der Lösung von komplexen Fragestellungen unter hoher Ungewissheit.

DESIGN THINKING IN SECHS PHASEN

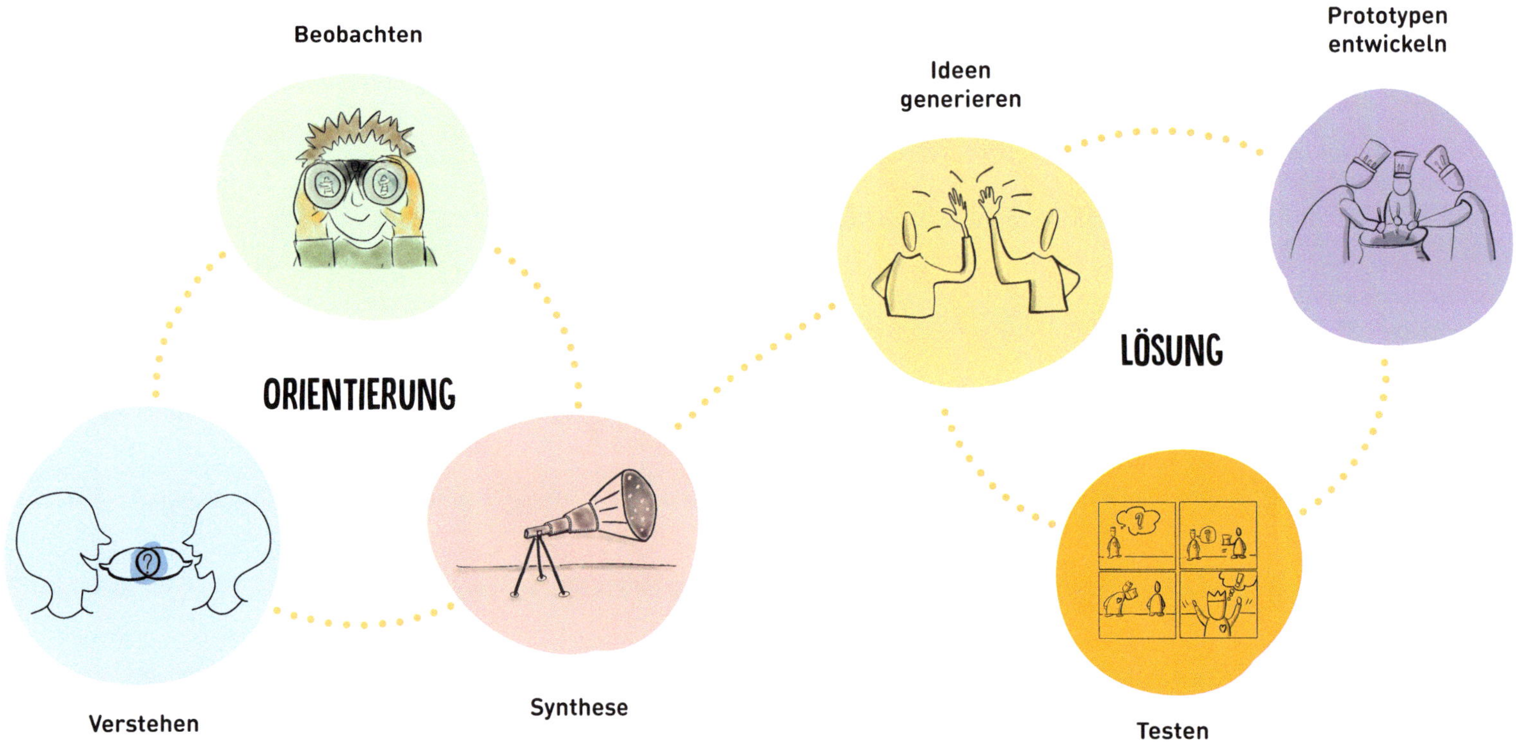

DANKE!

Für dieses Buch haben wir Unterstützung von unseren Familien, Freunden und Kollegen erhalten. Unser Dank geht an Dr. Mathias Osann, Prof. Dr. Verena Rath, Gina Meininger, Benedikt Ewald, Eugen Litwinow, Axel Menning, Prof. Dr. Boris Kühnle, Ines Mayer, Ida Mayer und Bastien Grasnick.